Vlog

视频拍摄、后期、营销、运营
一本通

刘嫔 编著

化学工业出版社

·北京·

内容简介

　　《Vlog视频拍摄、后期、营销、运营一本通》分为拍摄、后期、营销、运营四个部分，用12章向大家详细介绍了Vlog的拍摄＋后期＋营销＋运营技巧，包括拍摄Vlog的前期准备、设备介绍、拍摄技巧、视频后期处理、内部引流技巧、传播技巧以及各种变现方法。通过本书的学习，读者可以快速成为一名优秀的Vlog制作及运营者。

　　本书适合短视频创作者、摄影爱好者、自媒体工作者、Vlog博主、对短视频感兴趣的新手，以及想开拓新媒体领域的企业人员阅读，还可以作为各类培训学校和大专院校相关专业的学习教材或辅导用书。

图书在版编目（CIP）数据

Vlog视频拍摄、后期、营销、运营一本通/刘嫃编著. —北京：化学工业出版社，2021.4
　ISBN 978-7-122-38474-4

　Ⅰ.①V…　Ⅱ.①刘…　Ⅲ.①视频制作-教材②网络营销-教材
Ⅳ.①TN948.4②F713.365.2

　中国版本图书馆CIP数据核字（2021）第022639号

责任编辑：刘　丹　　　　　　　　　　　装帧设计：王晓宇
责任校对：王　静

出版发行：化学工业出版社（北京市东城区青年湖南街13号　邮政编码100011）
印　　装：中煤（北京）印务有限公司
710mm×1000mm　1/16　印张16　字数280千字　2021年5月北京第1版第1次印刷

购书咨询：010-64518888　　　　　　　　售后服务：010-64518899
网　　址：http://www.cip.com.cn
凡购买本书，如有缺损质量问题，本社销售中心负责调换。

定　　价：88.00元

 前言

　　在这个自媒体高速发展的时代，越来越多的短视频平台崛起，很多短视频运营者一夜爆红，收益丰厚。为了能赶上这个风口，效仿者前仆后继，他们以获得粉丝和变现为目的，拍摄并制作出大量具有特色的短视频，发布在短视频平台上，供平台用户观看。

　　在短视频行业越来越成熟的时候，原本小众的视频形式——Vlog，开始受到各平台重视，走进大众视野。Vlog是用拍摄视频的方式记录生活。有人问，Vlog和短视频一样吗？其实并没有一个严格的定义来说明。从时长这个角度来说，绝大多数Vlog属于短视频的范畴。本书讲的也正是这一类Vlog。

　　Vlog如何提升流量？面对这么多的竞争者，运营者应该如何做？相信大家现在会产生一系列疑问。

- 拍摄Vlog前需要准备什么？
- 拍摄Vlog有哪些技巧？
- 怎样剪辑Vlog才更符合需要？
- 怎样使用Vlog吸粉和引流？
- 使用Vlog怎样营销和变现？

　　目前，市场上讲解拍摄Vlog的书还比较少，尤其是集Vlog的拍摄准备、前期技巧、镜头语言、基本处理、引流吸粉、内容营销和平台变现等内容于一体的书，更是少之又少。基于此，笔者以自己的实际拍摄为出发点，整合同行高手的经验，编写了这本针对Vlog拍摄、后期、运营、引流变现的实战型教程。

　　本书从众多火爆的Vlog中提炼出实用、有价值的技巧，帮助大家拍摄出好看的Vlog，教大家如何站在这个短视频风口赚取丰厚的收益。本书分

为12章，详细地介绍了Vlog运营者需要重点把握的内容以及相关的运营技巧。

相信大家在很多情况下，都是看懂了知识，但是具体操作起来还是脑袋一片空白。根据这种现象，笔者在写这本书时特别注重实操性，一步一步教你怎么做，这本书中有详细的操作过程，不怕你不会，就怕你不学。

为了便于读者学习，笔者团队特意录制了抖音热门视频的拍摄教学视频和剪映热门后期教学视频，读者扫描下方二维码即可查看相关视频。

感谢明亚莉在编写过程中提供的帮助，特别感谢为本书提供拍摄素材的人员：黄建波、夏洁、向小红、彭爽、苏苏、刘伟、颜信、卢博、黄海艺、包超锋、严茂钧。由于笔者学识所限，书中难免有疏漏之处，恳请广大读者批评、指正，联系微信：2633228153。

刘　嫔

目 录

拍摄篇

第1章
拍摄准备：
让你的Vlog赢在起点

002 ————————

第2章
前期技巧：
掌握方向、构图以及光线

016 ————————

第 **3** 章

镜头语言：
Vlog中运镜的拍摄技巧

———————— 040

后期篇

第6章
高级玩法：
让Vlog秒变大片

———— 109

第7章
字幕音频：
做出炫酷又好看的Vlog

———— 151

营销篇

第**8**章

引流吸粉：
让Vlog流量暴增

172 ————

第**9**章

内容营销：
提升Vlog完播率的技巧

187 ————

第 **10** 章
视频分享：
Vlog媒体平台的发布技巧

——————————— 203

运营篇

第 **11** 章
平台变现：
做一个赚钱的Vlog博主

——————————— 220

第 **12** 章

**IP变现：
让Vlog流量变现更轻松**

228

拍摄篇

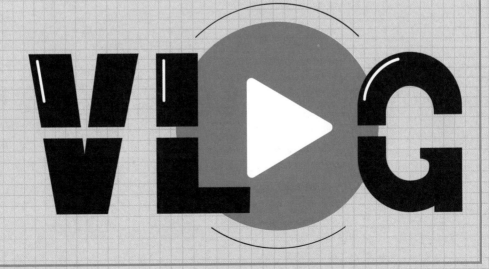

第 **1** 章

拍摄准备：
让你的 Vlog 赢在起点

1.1 开启Vlog之旅 ▶

Vlog是video weblog或video blog的简写，类似于将自己的生活日志转换为视频的形式，分享到社交平台上，以吸引用户的关注。Vlog和短视频是什么关系？这里的短视频是广义的时长短的视频，除却个别时长较长的Vlog，绝大多数Vlog属于短视频范畴。过去，在抖音只有15秒权限时，一些Vlog运营者会将一个Vlog截成多个片段来展示。随着各平台对Vlog的重视，像抖音、快手这样的短视频平台开放了时长超过1分钟的视频权限，这使得Vlog有了更多的展示空间。

本节主要向读者介绍Vlog的基本含义、如何把握Vlog风口以及如何拍摄Vlog等。

1.1.1 Vlog的含义

Vlog，简单理解，就是用拍摄视频的方式记录生活中一些有趣或有意义的事情。时长不是定义Vlog的重点，内容才是。相比较而言，Vlog更具人格属性。下面是笔者在欧洲美泉宫旅游时拍摄的一个Vlog片段，如图1-1所示。

图1-1 欧洲美泉宫的Vlog片段

1.1.2 如何把握Vlog风口

抖音、快手的快速火爆，带动了全民拍摄视频的热潮。在街头或者餐厅，时不时会有人举着手机拍摄视频，分享自己的生活。图1-2为笔者在旅行时拍摄的一组荷花Vlog片段，有一种去探索未知的感觉。

图 1-2 荷花 Vlog 片段

1.1.3　记录有意义的Vlog

笔者拍摄了许多记录旅行的Vlog，收获了不少的粉丝与惊喜，也在拍摄过程中认识了许多同样喜欢拍摄短视频的朋友。

下面是一段很有意义的旅行Vlog片段，是大家一起登阿尔卑斯雪朗峰时所拍，如图1-3所示。虽然攀登时出现了呼吸困难的症状，但是大家不畏恶劣的环境，依然向上攀登，这样的体验十分难得。

图1-3　攀登阿尔卑斯雪朗峰的Vlog片段

1.1.4　如何拍摄Vlog

很多"小白"在了解Vlog之后，常常会纠结一个问题，如何拍摄？其实拍摄Vlog最重要的是连贯性，注重有头有尾，即使是一个很短的视频也要拍摄完整，还有就是拍摄前要想好主题，不能盲目地拍摄。

1.2　拍摄Vlog的准备工作 ▷

在拍摄一个Vlog之前，一定要做好相关的准备工作，这样后续的拍摄才能稳定进行。本节主要为读者介绍拍摄Vlog前的准备工作。

1.2.1 想要会拍就得先模仿

多拍多看是拍摄视频的好方法，只有拍摄多了才能掌握自己的节奏。多看别人拍摄的视频，可以学到不同的风格，经过多种尝试，最后形成自己的风格体系。如果你想要拍摄一段桃花Vlog，可以先在视频平台上搜索别人是怎么拍的，学习其拍摄手法，如图1-4所示。

图 1-4 桃花 Vlog 片段

1.2.2 如何搜索需要的视频

如果你不会拍Vlog，可以先到比较火的视频软件上搜索同类视频，看看别人是怎么拍摄的。以"抖音"APP为例，具体操作步骤如下。

▶ 步骤01　打开"抖音"APP，进入"推荐"界面，点击右上角的"搜索"按钮🔍，如图1-5所示。

▶ 步骤02　进入搜索界面，在上方文本框中输入需要搜索的关键字，如图1-6所示。

图1-5　点击"搜索"按钮　　　　　　图1-6　输入需要搜索的关键字

▶ 步骤03　点击"搜索"按钮，即可搜索到如何拍摄风景Vlog的相关视频，从别人发布的视频中进行学习，如图1-7所示。

图1-7　搜索到相关的视频进行学习

1.2.3　什么是好的Vlog

在拍摄Vlog之前，我们需要知道什么才是好的Vlog，如何拍出好看的Vlog。在这个前提下再开始创作会起到事半功倍的效果。

（1）画质清晰

拍摄的视频画面一定要清晰，如果出现抖动模糊现象，会非常影响观众的观感。图1-8为模糊画质与清晰画质的对比效果。

图1-8　模糊画质与清晰画质的对比效果

（2）简洁美观

视频需要聚集观众十几秒到几分钟的注意力，如果你的视频画面很美或者画质特别清晰，那么你在视觉上就胜利了。图1-9中的白鹤啄食并起舞，整体十分美，有一种活灵活现的视觉感。

图1-9　画面美观的视频效果

1.2.4　拍出好Vlog的因素有哪些

在拍摄Vlog时，有哪些技巧可以提升视频的优质度呢？笔者认为可以从3个方面来展开：第一，画面主体突出；第二，画面明亮度适宜；第三，画面元素清晰有美感。

（1）画面主体突出

拍摄视频的重点在于主体要突出，这样观众才知道你在拍什么。图1-10为笔者在家中拍摄小橘猫的Vlog片段，画面背景简洁，主体十分突出。

图1-10　画面主体突出

（2）画面明亮度适宜

拍摄视频要保证画面的明亮度适宜，很多观众会因为画面的舒适度而选择留下来，所以在拍摄时尽量注意光线的明暗，光线不足时可以选择补光的道具进行补光操作。图1-11为室内昏暗的环境下使用补光道具拍摄的一个Vlog。

图 1-11　画面明亮度适宜

（3）画面元素清晰有美感

无论拍什么样的内容，都要保证简洁干净，一旦画面杂乱就很难拍得好看。所以，想要突出的细节清晰且有美感，需要多拍多练。图1-12展示俏皮叶尖，画面细节十分清晰。

图 1-12　画面元素清晰有美感

1.3 手机拍Vlog需要哪些配件 ▶

要想拍出高质量的 Vlog 作品，还需要借助一些摄影附件，比如智云稳定器、三脚架、八爪鱼、麦克风以及特殊镜头等，这些都可以为你的 Vlog 加分，帮助你拍出更好看的作品。

1.3.1 智云稳定器

为了保证视频拍摄的稳定性，画面拍出来不模糊，有时候我们还需要一定的辅助设备来提升视频的画质。

例如，智云稳定器是一款稳定性非常好的手持稳定器，携带方便，能让移动拍摄的画面更平稳，有电影画面的效果，如图 1-13 所示。

智云稳定器可以帮助你在拍摄时更好地稳固和移动镜头，以及实现各种拍摄效果，快速完成 Vlog 作品的拍摄。

图 1-13 智云稳定器

下面介绍智云稳定器配件的推荐点。

① 手势控制：伸出手掌就能智能拍照。

② 智能追踪：提供一键智能跟随模式。

③ 美颜功能：磨皮、瘦脸、大眼等。

④ 参数设置：可以调整白平衡、亮度、分辨率参数。

1.3.2 三脚架

三脚架的主要作用就是在长时间拍摄景物时，能很好地稳定相机或手机镜头，以实现特别的摄影效果。购买三脚架时注意，它主要起到稳定手机的作用，所以要结实。但是，由于其经常被携带外出使用，所以又需要轻便快捷、易于携带，如图 1-14 所示。

三脚架的首要功能是稳定，为创作好作品提

图 1-14 三脚架

供一个稳定平台。用户必须确保相机或者手机的重量均匀分布到三脚架的三条腿上，最简单的确认办法就是让中轴与地面保持垂直。如果无法判断是否垂直，可以配一个水平指示器。

1.3.3　八爪鱼

八爪鱼支架是一种迷你三脚架，非常轻巧，便于携带，还可以兼容手机、单反和微单。八爪鱼支架通常采用高弹力的胶材质制作，持久耐用，可以反复弯折，帮助用户从各种角度拍摄创意Vlog，如图1-15所示。

1.3.4　麦克风

常用的录音设备就是麦克风，它的主要作用是使声音效果更加好听。下面笔者讲解一下什么情况下会使用到麦克风，一般选择什么样的麦克风比较合适。

在户外拍摄Vlog的时候，会把很多嘈杂的声音录进去，这样十分影响视频的质量，所以选择一款适合在拍摄Vlog作品时使用的麦克风是极其重要的，这样不但提升了Vlog作品的质量，还减少了后期的工作任务，两全其美。

例如，蓝牙麦克风是无线的，相较于有线麦克风携带更方便，体积也小巧，使用时只需夹在衣领即可，如图1-16所示。它的降噪效果十分理想，能过滤掉杂音，还原本人真实的音色。

图 1-15　八爪鱼支架

图 1-16　蓝牙麦克风

1.3.5　特殊镜头

有时候，我们使用普通的手机镜头拍摄多了便会觉得疲乏，不防试试安装在手机上的特殊镜头，如图1-17所示。看看在使用不同的特殊镜头拍摄时，会不会得到不一样的体验。

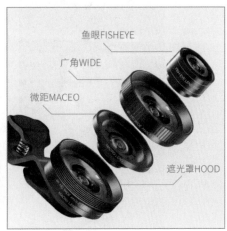

图 1-17 特殊镜头

广角镜头比较适合拍摄风景、建筑以及多人聚会时的画面；微距镜头适合拍摄花草类和静物的细节；鱼眼镜头可拍摄出特殊的视角效果，远景近景都可以，且拍摄的视角也相当广。

1.4 掌握手机的视频拍摄功能 ▶

手机是我们使用频率最高的拍摄工具，因为随身携带，所以很方便我们及时拍摄各种Vlog。使用手机拍摄之前，需要先掌握手机隐藏的一些视频拍摄功能，将手机的作用发挥到极致，有助于我们拍出满意的Vlog作品。

1.4.1 使用手机变焦功能拍摄

变焦是指通过调整镜头的焦距，以改变手机的拍摄距离，也就是我们通常所说的把被摄物体拉近或者推远。下面介绍具体的操作方法。

▶ 步骤01 在手机中打开相机的"视频"功能，在画面中间位置点击一下进行对焦，此时屏幕中出现一个方框，表示对焦成功，如图1-18所示。

▶ 步骤02 用食指和中指在屏幕中缩放，界面下方显示一条直线，向右拖动圆圈，使用手机的变焦功能来拉近画面，使主体更加明显，如图1-19所示。接下来，按界面下方的红色录制键，即可开始拍摄视频。

点击

图 1-18　对画面进行对焦

拖动变焦

图 1-19　使用变焦功能拉近画面

1.4.2　使用慢动作功能拍摄

　　慢动作模式主要用于视频的录制，可以拍摄出许多肉眼无法看到的景象，比如长腿奔跑效果、人物转圈效果、人物脸上神态的变化等这些细微的画面。苹果手机的慢动作拍摄模式只有一种，大家可根据需求自行选择。

　　具体操作：在手机相机中进入"更多"界面，点击"慢动作"图标 ，即可进入"慢动作"拍摄界面，如图1-20所示。

慢动作模式

图 1-20　慢动作模式

1.4.3 使用延时摄影功能拍摄

延时摄影也叫缩时摄影，顾名思义就是能够将时间压缩。延时摄影能够将几个小时、几天、几个月，甚至是几年拍摄的视频，通过串联或者是抽掉帧数的方式，将其压缩到很短的时间播放，从而呈现出一种视觉上的震撼感。

在手机中打开拍摄界面，选择"延时摄影"模式，进入"延时摄影"界面，按下拍摄键即可拍摄延时视频，完成后按下结束键，则可完成拍摄。下面是笔者在江边拍摄的一段延时摄影作品，如图1-21所示。

图 1-21 延时摄影作品

第 **2** 章

前期技巧：
掌握方向、构图以及光线

2.1 拍摄Vlog的方向 ▶

　　构图的拍摄方向对于拍摄Vlog来说是关键的一步，不同的方向，拍出来的效果截然不同。同样的主体，不同的拍摄角度，可以让画面产生不同的感觉。本节主要向读者介绍怎样从正面、侧面以及背面拍摄Vlog。

2.1.1 从正面拍摄Vlog

　　正面拍摄出来的Vlog往往符合人类视线的观察习惯，在主体正对面拍摄的就是正面，表现出来的是主体原本的情况，人物更显稳重。

　　图2-1所示为远景拍摄新娘新郎正面的Vlog，对新郎有较为完整的表达。视频中新娘身穿洁白的婚纱，新郎身穿黑色的西装，再加上周围的景物，使画面中的人物突出，营造了一种幸福的氛围。

图2-1 正面拍摄的 Vlog 画面

2.1.2　从侧面拍摄 Vlog

　　侧面构图，就是站在主体的侧面进行拍摄。无论是人物还是静物，使用手机从对象侧面拍摄，利用人造光源打光也可以拍出很美的轮廓线。图2-2所示是从侧面拍摄的人物视频画面，非常清晰地展现了人物的轮廓美，视频中两人五官也显得更加立体。

图 2-2　侧面拍摄的 Vlog 画面

2.1.3　从背面拍摄 Vlog

　　背面拍摄就是站在主体背后用手机或相机拍摄，这样拍摄出来的画面可以给主体留白，表现力很强。另外，背面拍摄的视频给人的主观意识非常强烈，同时可以让人产生无限的遐想空间。图2-3所示为拍摄者从女生背面拍摄。

图 2-3　背面拍摄的 Vlog 画面

2.2 构图能让Vlog画面更美

拍摄Vlog之前，要想画面更高级，除了视频拍摄主体本身要美以外，还需要学会一定的构图技巧。将视频画面中的主体按照一定的组合排放，具有更好的视觉审美效果。本节笔者将为读者介绍7种视频构图方法。

2.2.1 前景构图法

前景构图可以增加视频画面的层次感，使内容更丰富的同时，又能很好地展现拍摄的主体。前景构图分为两种，一种是将拍摄主体作为前景进行拍摄，如图2-4所示，将女孩直接作为前景对象，使画面更有层次感。

图2-4 将视频拍摄主体作为前景

另一种是将除了视频拍摄主体以外的事物作为前景，如图2-5所示，这段人物Vlog将栏杆作为前景，让观众在视觉上有一种透视感，又有身临其境的感觉，还能交代拍摄的环境。

图 2-5　将栏杆作为前景交代视频的拍摄环境

2.2.2　九宫格构图法

九宫格构图又叫井字形构图，是黄金分割构图的简化版，也是最常见的构图手法之一。九宫格构图中一共有四个趣味中心，每一个趣味中心都将视频拍摄主体放置在偏离画面中心的位置上。此外，用九宫格构图拍摄 Vlog，能够使画面相对均衡，视频也比较自然和生动。如图 2-6 所示，就是将主体放在右上角的趣味中心点拍摄的视频案例。

图2-6　九宫格构图拍摄民国风视频

下面介绍在苹果手机上打开九宫格构图线的操作方法。在苹果手机的桌面上，❶点击"设置"按钮，进入"设置"界面；❷选择"相机"选项，进入"相机"界面；❸点击"网格"右侧的开关按钮，打开"网格"功能，即可设置苹果手机的九宫格网格线，如图2-7所示。

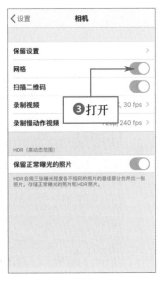

图2-7　苹果手机的九宫格设置

2.2.3 水平线构图法

水平线构图是指依据水平线而形成的拍摄构图技法，就是寻找到水平线，或者与水平线平行的直线。如图2-8所示，就是利用水平线拍摄的Vlog画面。

图2-8　利用水平线进行拍摄

我们还可以在画面中寻找与水平线平行的线进行Vlog的拍摄，如地平线，这样拍摄出来的画面也具有延伸感、平衡感，如图2-9所示。

图2-9　利用地平线进行拍摄

2.2.4　对称式构图法

对称构图的含义很简单，就是将整个画面以一条轴线为界，轴线两边的事物重复且相同，下面将为大家一一介绍对称构图类型。

（1）上下对称构图

上下对称顾名思义就是视频画面的上半部分与下半部分对称，这种构图容易在横向上给人以稳定之感，如图2-10所示。

图2-10　上下对称构图拍摄的视频截图

（2）左右对称构图

左右对称就是视频画面左边部分与右边部分对称，这种构图更能在纵向上给人以稳定之感，如图2-11所示。

（3）斜面对称构图

斜面对称构图是以画面中存在的某条斜线或对象为分界，进行取景构图，能在画面上给人以稳定之感，如图2-12所示。

图2-11　左右对称构图拍摄的视频截图

图2-12　斜面对称构图拍摄的视频截图

（4）多重对称构图

多重对称自然是指画面中有很多重复对称的地方，这些对称可能是单一的对称，也可能是环环相扣、层层递进的对称，如图2-13所示。

图2-13　多重对称构图拍摄的视频截图

（5）全面对称构图

全面对称指的是画面中各个面都是对称的，有一点360度全面对称的意思，它包括了前面所有的对称方式：上下对称、左右对称、斜面对称、多重对称。

2.2.5　透视构图法

透视构图是指视频画面中某一条线或某几条线，由近及远形成延伸感，能使观众的视觉沿着视频画面中的线条汇聚成一点。在Vlog拍摄中，透视构图分为单边透视和双边透视。

单边透视是指视频画面中只有一边带有由近及远形成延伸感的线条，双边透视则是指视频画面两边都带有由近及远形成延伸感的线条。

Vlog中的透视构图可以增加视频画面的立体感，而且透视本身就有近大远小的规律。视频画面中近大远小的事物组成的线条或者本身具有的线条，能让观众的视线沿着线条指定的方向看去，有引导观众视线的作用。

（1）单边透视构图

用单边透视构图拍摄视频时，能增强拍摄主体的立体感，整体来看符合近大远小的美学理念，如图2-14所示。

图2-14　单边透视构图拍摄的视频截图

（2）双边透视构图

双边透视构图能很好地汇聚观众的视线，使视频画面更具有动感和深远意味，如图2-15所示。

图2-15　双边透视构图拍摄的视频截图

2.2.6　三分线构图法

三分线构图，就是将视频画面从横向或纵向分为三部分。在拍摄视频时，将对象或焦点放在三分线构图的某一位置上进行构图取景。

（1）上三分线构图

上三分线构图是取画面的上三分之一处。如图2-16所示，天空占了整个画面上方的三分之一，地景占了整个画面下方的三分之二。

（2）下三分线构图

如图2-17所示，以地面为分界线，下方湖面和建筑占了整个画面的三分之一，天空占了画面上方的三分之二。

图 2-16 上三分线构图拍摄的视频截图

图 2-17 下三分线构图拍摄的视频截图

（3）左三分线构图

左三分线构图是指将主体或辅体置于左竖向三分线构图的位置。如图2-18所示，视频中的人物处于画面左侧三分之一处。

图 2-18　左三分线构图拍摄的视频截图

（4）右三分线构图

右三分线构图与左三分线构图刚好相反，是指将主体或辅体放在画面右侧三分之一处，突出主体，如图2-19所示。和阅读一样，人们看视频时也是习惯从左往右，视线经过运动最后落于画面右侧，所以将主体置于画面右侧能产生良好的视觉效果和一种距离美。

图 2-19　右三分线构图拍摄的视频截图

2.2.7　仰拍构图法

仰拍构图，就是在日常拍摄视频时，需要抬头拍的，都可以理解成仰拍。下面向大家介绍多种仰拍的构图技巧。

（1）30度仰拍构图

30度仰拍构图是相对于平视而言的，手机摄像头或者相机镜头通过视平线向上抬起30度左右即可。如图2-20所示，将手机镜头放低，然后用30度仰拍构图。

图2-20　30度仰拍构图拍摄的视频截图

（2）45度仰拍构图

采用45度仰拍构图拍摄视频，与视平线的夹角比30度要大比60度小。如图2-21所示，就是用45度仰拍的人物Vlog。

（3）60度仰拍构图

60度仰拍相比之前所拍摄到的主体，看上去要更加高大与庄严。如图2-22所示，这是一段文艺女生Vlog，以蓝天作为背景，画面干净整洁，60度仰拍构图又很好地突出了视频拍摄的主体。

图 2-21　45度仰拍构图拍摄的视频截图

图 2-22　60度仰拍构图拍摄的视频截图

（4）90度仰拍构图

90度仰拍就是以与镜头垂直的角度来进行拍摄。要注意的是，必须站在与视频主体垂直角度的中心点下方进行拍摄，否则画面将出现歪歪扭扭的情况。如图2-23所示，为摄影师站在灯下以垂直90度的角度对着天花板拍摄的画面，展现了灯具完美的结构。

图 2-23　90 度仰拍构图拍摄的视频截图

2.3　拍摄Vlog的光线技巧 ▶

　　光线对于拍摄来说至关重要，也决定着视频的清晰度。比如，光线比较黯淡的时候，拍摄的视频就会偏暗，即使手机像素很高，也可能存在此种问题。光线的运用直接关系到视频最后的拍摄效果。光虽无形，却能指导有形；虽为光影，却能体现摄影的生命力。

　　光线可以分为自然光与人造光，本节主要介绍拍摄视频时常用的光线角度类型，如顺光、逆光、侧光和顶光，早中晚时的光线拍摄技巧，还有晴天、多云天、阴天分别怎么拍等内容。

2.3.1　不同角度下光线的拍摄技巧

　　光线是一种自然界的现象，也是拍摄Vlog的好帮手。当你站在不同的角度拍摄时，视频的美感也各有不同。

（1）顺光拍摄技巧

顺光也叫正面光，指的是光线的投射方向和拍摄方向相同。顺光拍摄时，被摄主体（人或物体）的阴影被主体本身挡住，影调柔和，能给画面带来比较好的色彩。采用顺光拍摄Vlog时，光线的投射方向与镜头的方向一致，被摄主体表面没有强烈的阴影，如图2-24所示。

图2-24　顺光拍摄的视频展现人物主体细节和色彩

（2）逆光拍摄技巧

逆光是被摄主体刚好处于光源和镜头之间，容易出现曝光不足的情况。但是逆光能够拍出眩光的特殊效果，也是一种极佳的艺术摄影技法。

使用逆光拍摄时，不仅可以增强被摄主体的质感，还可以增加画面的整体氛围和渲染性，有很强的视觉冲击力，能够增强画面的纵深感。

在采用逆光拍摄Vlog时，只需要将镜头对着光源就可以了，这样拍摄出来的画面会有剪影，同时红彤彤的晚霞让画面不会单调，如图2-25所示。

图2-25 逆光拍摄视频实现剪影效果

（3）侧光拍摄技巧

侧光是指光源的照射方向与手机视频拍摄方向呈直角状态，即光源从视频拍摄主体的左侧或右侧直射来的光线。

被摄主体受光源照射的一面非常明亮，另一面则比较阴暗，画面的明暗层次感非常分明，如图2-26所示。

图2-26 侧光拍摄视频展现主体的立体感

（4）顶光拍摄技巧

顶光可以认为是光线从头顶直接照射到视频拍摄主体顶部。顶光由于是垂直照射于视频拍摄主体，阴影置于下方，占用面积很少，所以几乎不会影响视频拍摄主体的色彩和形状展现。

如图2-27所示，顶光的光线很亮，能够展现出视频拍摄主体的细节，画面更加明亮，同时荷花在顶光照射下也显得更加艳丽，色彩饱和度更高。

图 2-27　顶光拍摄视频让主体更加明亮

2.3.2 早、中、晚时的光线拍摄技巧

在上一小节中向大家讲解了不同角度下的光线拍摄技巧，下面主要介绍早、中、晚3个不同时间段的光线拍摄技巧，帮助大家提升光线美感。

（1）清晨的阳光

晴天的清晨，空气比较清新，利用光线的透明度优势，通常能拍出不错的视频效果。同时，在逆光或半逆光的情况下，使用手机拍摄风光题材的Vlog，光与影的对比十分强烈。图2-28所示为一段海边看日出的Vlog。

（2）正午的阳光

正午的光线非常充足，太阳光十分强烈。如图2-29所示为正午阳光下拍摄的荷塘Vlog，荷花与荷叶形成了强烈的对比，整个画面生机勃勃。

图 2-28　清晨拍摄海边看日出的 Vlog

图 2-29　正午拍摄

（3）傍晚的光线

　　我们经常会利用晚霞来拍摄比较有意境的Vlog。图2-30所示就是利用了天空中晚霞的光线作为整个画面的光源来进行拍摄的。

图 2-30 利用晚霞的光线作为整个画面的光源进行拍摄

2.3.3 晴天拍摄 Vlog 的技巧

晴天日光充足，光线强烈，色彩鲜艳，是最容易拍摄的环境，同时也是弹性最大的拍摄天气。我们应尽量选择在白云朵朵、日照充足的时候拍摄。图 2-31 所示是在晴天拍摄的一段Vlog，画面整体比较亮，景物颜色也更明朗，物体下还会有阴影。

图 2-31　晴朗天气下拍摄的视频画面

2.3.4　多云天气下拍摄Vlog的技巧

多云天气的光线与晴天比较相似，只是白云要更多一些，而且云层的厚度、数量都会影响光线，可以为画面带来不同的光影效果。

在多云的环境下拍摄风景Vlog时，天空中白云朵朵，十分美丽，如图2-32所示，当白云遮挡了太阳时，地面就会形成阴影。

图 2-32 多云天气拍摄的视频画面

2.3.5 阴天天气下拍摄 Vlog 的技巧

在阴天拍摄 Vlog 时，地面的景物由于得不到阳光的直射，亮度会比较低，而天空的亮度又比较高，造成了天地之间的光差非常大。

因此，拍摄者尽量不要把天空放在画面中，而应将地面的景色作为拍摄对象。阴天比较适合拍摄一些地面上的小景或者微距题材的视频。阴天的云彩厚度非常大，一般可以将太阳光完全遮挡住，光线以散射光为主，较为柔和、浓密。

如图 2-33 所示，这是在阴天天气下拍摄的一段风景 Vlog，以地面景色为主，记录了乡村的美好景色。

图 2-33 阴天拍摄的视频画面

第 **3** 章

镜头语言：
Vlog 中运镜的拍摄技巧

3.1 镜头的两种拍摄方向 ▶

在Vlog的拍摄过程中，面对不同的拍摄主体，我们要学会运用不同的画幅尺寸和拍摄模式。只有将视频主体与合理的尺寸和拍摄模式相结合，才能拍摄出出彩的Vlog。本节主要为读者介绍怎样拍摄横画幅和竖画幅短视频。

3.1.1 怎么拍摄横画幅

横画幅拍摄Vlog，就是将手机横向放置，拍摄的画面呈现出水平延伸的特点，比较符合大多数人的视觉观察习惯。而想要将视频拍摄界面调整为横画幅，大致可以分两个方面。

第一个方面，就是直接将手机旋转90度横着拿，就可以拍摄横画幅尺寸的视频了，这种方法最大的优势就是操作简单、直接，如图3-1所示。

图 3-1 横画幅拍摄效果

第二个方面，就是利用Vlog拍摄软件来进行设置，这里以VUE APP为例，为大家做详细的讲解，其步骤如下。

打开VUE APP，进入拍摄界面，❶点击██按钮，在弹出的面板中点击16∶9尺寸，即可将界面设置为横画幅；❷点击红色的拍摄按钮◯，即可进行横画幅视频的拍摄，如图3-2所示。

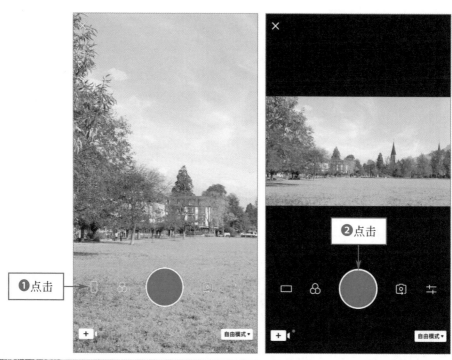

图3-2　VUE APP 横画幅拍摄设置

在VUE APP中竖画幅和横画幅所采用的都是全屏画幅。全屏画幅就是视频画面占据了整个手机屏幕，不留一点空白。相对于其他画幅来说，全屏画幅更具有视觉冲击力，这也是VUE APP拍摄视频的一大特色。

此外，VUE APP中的宽画幅，也算是横画幅的一种，宽画幅在很大程度上与横画幅相似，都能让视觉在横向上有一个扩展与延伸。只是相对于全屏横画幅来说，宽画幅并非全屏，但拍摄出来的视频依然是横画幅的效果。

在VUE APP的视频拍摄中，软件默认的画幅设置就是宽画幅，它能带给人宽松的视觉感受。使用VUE APP拍摄宽画幅视频的步骤如下。

打开VUE APP，进入拍摄界面，❶点击▭按钮；❷在弹出的面板中点击4 ：3尺寸，即可将界面设置为宽画幅；❸点击红色拍摄按钮◯，即可进行宽画幅视频的拍摄，如图3-3所示。

图3-3 VUE APP 宽画幅拍摄设置

3.1.2 怎么拍摄竖画幅

竖画幅是指画面底边较短的画幅尺寸。竖画幅拍摄视频可以让人在视觉上向上下空间进行延伸，将上下部分的画面连接在一起，能够体现摄影的主题。竖画幅拍摄视频比较适合表现有垂直特性的对象，如山峰、高楼、人物、树木等，可以带来高大、挺拔、崇高的视觉感受。

将视频拍摄界面调整为竖画幅的方法很多，笔者在这里主要讲解两种设置方

Vlog视频拍摄、后期、营销、运营一本通

式，以供大家参考。

我们一般拿手机习惯竖着拿，其实在视频拍摄当中也是一样的，只要将手机竖着拿，拍摄出来的就是竖画幅尺寸的视频，如图3-4所示。

图3-4　竖着拿手机拍摄竖画幅尺寸

特别提醒

在抖音、快手这些短视频平台中，一般情况下拍摄的都是竖画幅的Vlog，因为这样比较符合大家刷短视频的持机方式和视觉习惯，能增强视觉冲击力。

当然，除了利用手机自带的相机，竖着拿手机拍摄竖画幅尺寸视频之外，还可以利用拍摄Vlog的软件，进行画幅的设置与调整。这里以VUE APP为例，为大家讲解在视频拍摄时设置竖画幅尺寸的方法。

打开VUE APP，进入拍摄界面，❶点击▬按钮；❷在弹出的面板中点击9：16尺寸，即可将界面设置为竖画幅；❸点击红色拍摄按钮◉，即可进行竖画幅视频的拍摄，如图3-5所示。

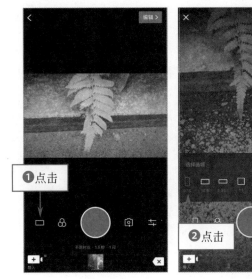

图 3-5 VUE APP 竖画幅拍摄设置

3.2 掌握Vlog镜头的拍法

本节主要向读者介绍8种镜头拍法，主要包括固定、移、推、拉、摇、跟、甩、低角度等。在拍摄短视频时可以熟练使用这些镜头拍法，更好地突出画面细节、表达主题内容，从而吸引更多用户关注你的作品。

3.2.1 固定镜头的拍摄

固定镜头是指在拍摄一个镜头的过程中，手机或相机的机位、焦距和镜头光轴都不变，而被摄对象可以是动态的，也可以是静态的。图3-6所示是笔者在楼顶拍摄的风光Vlog，手机的镜头保持固定不动，但画面中的云彩在流动。

3.2.2 移镜头的拍摄

移镜头是指通过人物行走或身体左转右转的方式来移动手机的镜头，达到前、后、左、右的平移效果。如图3-7所示，第1张图是正常角度拍摄，第2张图是摄影师往右边行走，通过身体的变化使镜头向右移，拍摄的是高原上的牦牛和人群在行走，悠闲又自在，也是一道优美的风景。

图 3-6　固定镜头的拍法

图 3-7　移镜头的拍法

3.2.3　推镜头的拍摄

推镜头是指将镜头推出去，使画面中的主体越来越大，有一种将镜头推近的画面感。我们可以通过手机的变焦功能来实现推镜头的效果，在录制过程中通过拉近拍摄对象，使主体越来越近，如图3-8所示。

图3-8　推镜头的拍法

3.2.4　拉镜头的拍摄

拉镜头与推镜头刚好相反，是指主体在画面中越来越小，直至消失，这种手法适合用在一段视频的结尾。可以先将画面推近，然后按下录制键开始拍摄，慢慢再将画面拉远，呈现出拉镜头的效果，如图3-9所示。

图 3-9　拉镜头的拍法

3.2.5　摇镜头的拍摄

　　摇镜头可以使拍摄的角度发生变化，当所要拍摄的内容无法通过固定镜头实现时，可通过摇镜头的方式将拍摄的环境表达出来。

　　图3-10所示是以摇镜头的方式拍摄的短视频，通过这种方式改变镜头拍摄的角度。如画面中镜头下方是树木和人群，镜头向右上方摇的时候，可以拍摄到远处的雪峰以及近处的树木，交代了整个环境背景。

图 3-10　摇镜头的拍法

3.2.6　跟镜头的拍摄

跟镜头是指当人物的位置发生变化时，跟随人物拍摄。跟镜头包括前面跟、侧面跟、背面跟等，强调主体内容一直在镜头中央。

如图3-11所示，拍摄者一直跟在女生后面进行拍摄，拍出了女生回头的瞬间，以及靠墙的姿势。

图 3-11　跟镜头的拍法

3.2.7　甩镜头的拍摄

甩镜头跟摇镜头的操作方法比较类似，只是速度比较快，是用"甩"这个动作，而不是慢慢地摇镜头。甩动运镜通常运用于两个镜头切换时的画面，在第一个镜头即将结束时，通过向另一个方向甩动镜头，来让镜头切换的过渡画面产生模糊感，如图3-12所示。

图 3-12　甩镜头的拍法

3.2.8　低角度运镜的拍摄

　　低角度运镜有点类似于用蚂蚁的视角来观察事物，即将镜头贴近地面拍摄，可以带来强烈的纵深感、空间感。图3-13所示就是一段低角度运镜的拍摄现场，拍摄者将手机贴紧草地拍摄。

图 3-13　低角度运镜的拍摄

低角度运镜的画面效果，如图3-14所示。

图3-14　低角度运镜的视频效果

3.3　镜头的4种拍摄角度 ▶

学习完各种运镜手法拍摄短视频之后，需要掌握各种镜头的拍摄角度，如平角、斜角、仰角和俯角等，熟悉角度后运镜会更加得心应手。

3.3.1　平角拍摄

平角拍摄是指镜头与拍摄主体保持水平方向的一致，镜头光轴与对象（中心点）齐高，能够更客观地展现拍摄主体的原貌，如图3-15所示。

图3-15　平角拍摄的视频画面

3.3.2　斜角拍摄

斜角拍摄是指在拍摄时将镜头倾斜一定的角度，从而产生一定的透视变形的画面失调感，能够让视频画面显得更加立体，如图3-16所示。

图 3-16　斜角拍摄的视频画面

3.3.3　仰角拍摄

仰角拍摄是指采用低角度仰视的拍摄角度，能够让拍摄主体显得更加高大，这种镜头适合拍摄建筑类的短视频，具有强烈的透视效果。图3-17所示是笔者仰拍的一段建筑视频画面。

图 3-17　仰角拍摄的视频画面

3.3.4　俯角拍摄

俯角拍摄即采用高角度俯视的拍摄角度，让拍摄主体看上去更加弱小，适合小动物、花卉等题材，能够充分展示主体的细节，如图3-18所示。

图 3-18　俯角拍摄的视频画面

　　如果你想拍摄那种大场景的风光视频片段，可以站在地理位置比较高的地方，利用俯拍的手法，这样可以体现出视频画面的辽阔与震撼感，如图 3-19 所示。

图 3-19　俯拍大场景的风光视频片段

3.4 镜头的4种景别拍摄技巧

镜头景别是指镜头与拍摄对象的距离，通常包括特写、近景、中景、远景等几大类型。笔者以4种镜头的短视频素材为例，介绍镜头景别的拍摄技巧。

3.4.1 特写

着重刻画主体的细节之处，比如人物的眼睛、嘴巴、手部或者花卉的花瓣、露水等，如图3-20所示。

图 3-20 特写镜头画面

3.4.2 近景

近景是指拍摄人物胸部到头部的位置，可以更好地展现人物面部的情绪，包括表情和神态等细微动作，如低头微笑、仰天痛哭、眉头微皱、惊愕诧异等，从而渲染出Vlog的情感氛围，如图3-21所示。

图 3-21　近景镜头画面

3.4.3　中景

从人物的膝盖部分向上至头顶，不但可以充分展现人物的面部表情，同时还可以兼顾手部动作，如图3-22所示。

图 3-22　中景镜头画面

3.4.4 远景

能够将人物身体完全拍摄出来，包括手部和脚部的肢体动作，还可以用来表现多个人物的关系，如图3-23所示。

图 3-23　远景镜头画面

第 4 章

小试牛刀：
拍好第一个Vlog

4.1 设计Vlog的开头 ▶

Vlog的开头有多种形式，最常见的有3种，直接开头法、字幕开头法以及提问开头法，本节主要针对这3种形式进行相关讲解。

4.1.1 直接开头法

Vlog的直接开头法是指在一开始就播放主题内容，不拖泥带水，直接进入正题。比如，拍摄一个参观凯旋门的Vlog，开头没有什么语言描述，直接进入主题——参观凯旋门，内容非常直白，如图4-1所示。

图 4-1 直接开头式的 Vlog

4.1.2 字幕开头法

字幕开头法就是在Vlog的片头加上字幕，利用语言文字的魅力引导观众进入某种状态。图4-2所示为笔者在黑麋峰拍摄的一段Vlog，加上字幕开头后，画面显得高级感十足，让主题更加明确，视频内容也得到了升华。

图 4-2　字幕开头式的 Vlog

4.1.3 提问开头法

很多火爆的视频都采用悬念（提问）式开头，这样可以吸引观众的视线，让观众对内容产生好奇心。比较常见的提问有"你知道这几种美食的危害有多大吗？""裙子怎样穿更美，想知道吗？"等，可以激发观众的兴趣。

图4-3所示为提问式开头的Vlog，过程中为观众展示拍摄方法，整个视频内容比较完整，可以让观众学到东西。

图4-3　提问开头式的 Vlog

4.2　设计 Vlog 的主题

如果你的Vlog只是拍一些起床、刷牙、吃早餐、逛街等场景，这种没有主题的日常很难吸引人，除非你长得特别漂亮，或者本身拥有一定的粉丝群体，别人才会对你的私生活感兴趣。下面介绍几种Vlog的拍摄主题，大家可以参考借鉴一下。

4.2.1　个人纪实Vlog

我们可以拍摄一段自己在家的休闲生活Vlog，记录一个人的快乐时光，如图4-4所示。

图 4-4　休闲生活 Vlog

4.2.2 户外纪实 Vlog

有时候，一场有意义的户外活动会让我们牢记一辈子。比如，偶尔玩一次滑梯就是一个不错的选择，回忆童年时对滑梯的喜爱。如图 4-5 所示，这段 Vlog 中的女生满脸笑容，很开心，这样的场景应该被记录下来慢慢回味。

图 4-5　户外活动 Vlog

4.2.3 美食类的Vlog

美食栏目是一个比较经典的项目，并且永远不会过时。中华美食菜系众多，很容易创作出新的口味，食材也非常丰富。所以，美食主题是最火的话题之一，对新手来说是一个很好的主题。图4-6所示为美食类的Vlog。

图 4-6　美食类的 Vlog

4.2.4 搞笑类的Vlog

现代生活节奏加快，大家对娱乐的需求越来越强烈，搞笑类的节目一直占据着最火的视频赛道。而且，搞笑类的视频受众范围广，很容易吸粉。图4-7所示为抖音上比较搞笑的Vlog，点赞量7.8万。

图 4-7　抖音上比较搞笑的 Vlog

4.3 设计 Vlog 的结尾 ▶

Vlog 的结尾非常重要，利用好结尾，可以让观众对你印象深刻，还能引导他们下次再过来看你的 Vlog。本节主要介绍互动式结尾、抽奖式结尾、黑幕式结尾、动态文字结尾这四种常用的 Vlog 结尾，希望大家熟练掌握本节内容。

4.3.1 互动式结尾

互动结尾看上去会更加贴近生活，与观众沟通，得到一些有建设性的评论，是对双方都比较有利的一种结尾方式，如图 4-8 所示。

图 4-8 互动式结尾

4.3.2 抽奖式结尾

有一些Vlog的结尾会设计一些抽奖的环节，如图4-9所示。这样做的好处是提升粉丝的好感度与黏性，让他们喜欢看你的Vlog，并且会关注你，同时也能提升Vlog的完播率。

图 4-9　抽奖式结尾

4.3.3 黑幕式结尾

黑幕式结尾是指视频画面从正常的亮度慢慢变黑的状态，直至Vlog结束。图4-10所示就是以黑幕式结尾的Vlog，让视频画面慢慢淡化到黑色的结尾。

图 4-10　黑幕式结尾

4.3.4　动态文字结尾

还有一些 Vlog 是以动态的文字来结尾的，比如"咱们下期再见""下一顿饭，再见""感谢大家的收看"等，这种方式也属于固定仪式感的结尾，在一般的 Vlog 中比较常见。

图 4-11 所示为笔者制作的一段风景 Vlog 的结尾效果，背景是 Vlog 画面，在 APP 中添加了相应的文字，以动态的方式呈现出来。

图 4-11　动态文字结尾

上面呈现给大家的那种动态文字结尾效果，是在 Vlog 画面的基础上进行设计的，还有一种动态文字是在黑幕背景上进行设计的，如图 4-12 所示。

图4-12　在黑幕背景上设计动态文字

4.4 设计Vlog的封面效果 ▶

视频的封面是观众对你的第一印象，决定了他要不要打开你的Vlog。笔者总结了以下几种制作Vlog封面的技巧。

4.4.1 使用APP设计封面

手机后期修图APP可以说是五花八门、功能强大，但能将"照片加字"做到极致的就极少了，黄油相机是这类应用中非常值得一试的精品应用，下面主要向大家介绍使用黄油相机制作视频封面效果的操作方法。

（1）裁剪照片的尺寸

我们在设计封面的时候，尺寸一定要符合平台的规则。以最适合大众的视频尺寸为例，该封面尺寸为9：16，下面介绍在黄油相机中将照片裁剪成9：16尺寸的方法。

▶ 步骤01　打开"黄油相机"APP，点击主界面下方的"选择照片"按钮◎，如图4-13所示。

▶ 步骤02　打开手机相册，选择需要导入的照片素材，这里选择一张人像照片，如图4-14所示。

点击

图 4-13 点击"选择照片"按钮

选择

图 4-14 选择照片素材

步骤03 执行操作后，进入照片编辑界面，❶在下方点击"布局"按钮 ↰ ；❷在展开的面板中点击"画布比"按钮 ⬚ ，如图4-15所示。

步骤04 弹出相应面板，其中提供了多种照片的裁剪尺寸和比例，❶点击 9∶16的裁剪尺寸，此时照片被裁剪成9∶16的尺寸，在预览窗口中调整照片的裁剪区域，如图4-16所示；❷点击右下角的"确认"按钮 ✓ ，确认照片的裁剪操作。

❷点击

❶点击

图 4-15 点击"画布比"按钮

❶点击

❷点击

图 4-16 调整照片的裁剪区域

▶ 步骤05 返回相应界面，点击右上角的"去保存"按钮，如图4-17所示。

▶ 步骤06 进入相应界面，点击下方的"保存"按钮，如图4-18所示，即可保存裁剪后的封面效果。

图4-17 点击"去保存"按钮

图4-18 点击"保存"按钮

（2）制作醒目的标题文字

黄油相机的文字编辑功能非常强大，下面介绍给封面添加标题文字的操作方法。

▶ 步骤01 在APP界面，点击下方的"加字"按钮 T，如图4-19所示。

▶ 步骤02 弹出相应面板，点击"新文本"按钮 T，如图4-20所示。

图4-19 点击"加字"按钮

图4-20 点击"新文本"按钮

▶ **步骤03** 执行操作后，进入文本编辑界面，双击预览窗口中的文本框，如图4-21所示。

▶ **步骤04** ❶输入相应的标题内容；❷点击右下角的"确认"按钮 ✓，如图4-22所示。

图4-21 进入文本编辑界面

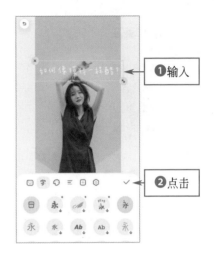

图4-22 点击"确认"按钮

▶ **步骤05** 标题输入完成后，点击相应字体，更改字体样式，如图4-23所示。

▶ **步骤06** 切换至格式设置面板，点击"描边"按钮 Ⓐ，给文字加上黑色描边效果，使标题更加醒目，如图4-24所示。

图4-23 更改标题字体样式

图4-24 加上黑色描边效果

▶ **步骤07** ❶点击"背景"按钮Ⓐ，给标题加一个黑色的背景；❷点击右下角的"确认"按钮✓，确认文本的格式设置，并调整文字位置，如图4-25所示。

▶ **步骤08** 返回相应界面，点击右上角的"去保存"按钮，如图4-26所示，进入相应界面，点击"保存"按钮，对封面效果进行保存操作即可。

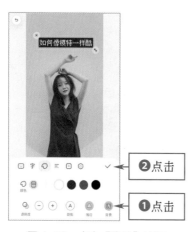

图4-25 点击"确认"按钮

图4-26 点击"去保存"按钮

（3）使用贴纸装饰封面

黄油相机中的贴纸功能也非常好用，下面介绍将贴纸效果应用在封面上的方法。

▶ **步骤01** 点击"贴纸"面板中的"添加"按钮△，如图4-27所示。

▶ **步骤02** 弹出相应面板，其中提供了多种贴纸类型，如图4-28所示。

图4-27 点击"添加"按钮

图4-28 多种贴纸类型

▶ **步骤03** 选择粉色小猫咪贴纸，如图4-29所示。

▶ **步骤04** 将该贴纸移至封面的合适位置，即添加完成，效果如图4-30所示。

图 4-29 选择粉色小猫咪贴纸　　　　图 4-30 添加贴纸效果

4.4.2 封面抠图合成技巧

更换照片的背景可以得到效果不一样的封面照，可以使人物更加突出。下面教大家制作抠图合成封面照的具体操作方法。

▶ 步骤01 打开"天天P图"APP，❶点击"魔法抠图"按钮；❷进入"选择模板"界面，选择一个合适的模板，如图4-31所示。

图 4-31 点击"魔法抠图"按钮，选择合适的模板

▶步骤02　❶点击模板下的"抠图"按钮；❷在相册中选择需要抠图的照片，如图4-32所示。

▶步骤03　点击"快速选区"按钮👆，如图4-33所示，可以将人物大致抠出来。

图 4-32　点击"抠图"按钮，选择一张照片　　图 4-33　点击"快速选区"按钮

▶步骤04　❶点击"画笔"按钮✏️；❷涂抹人物为红色的蒙版状态，如图4-34所示。

▶步骤05　❶点击"橡皮"按钮✏️；❷擦除周围多余的蒙版部分，如图4-35所示。

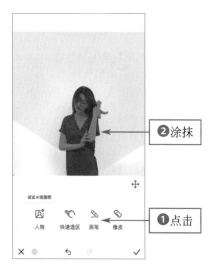
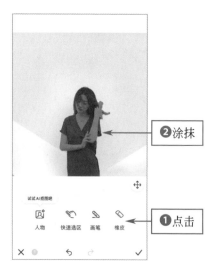

图 4-34　点击"画笔"按钮　　　　　　图 4-35　点击"橡皮"按钮

步骤06 ❶点击"确认"按钮 ✓；❷将抠好的人物粘贴到模板上，如图4-36所示。

图4-36 抠好的人物即可粘贴在模板上

步骤07 点击人物会出现方框，然后拖曳下方 ⚙ 按钮，调整人物的位置，将其放置在一个合适的位置上，图4-37所示。

步骤08 点击"保存"按钮 ⬇，保存制作好的封面图效果，如图4-38所示。

图4-37 拖曳照片位置

图4-38 照片保存在相册中

4.4.3 封面照片排版技巧

一张好看的封面照能够引导用户打开你的视频。下面介绍使用"天天P图"APP对封面照片进行排版的具体操作方法。

▶ **步骤01** 打开"天天P图"APP，点击"故事拼图"按钮，进入选图界面，如图4-39所示。

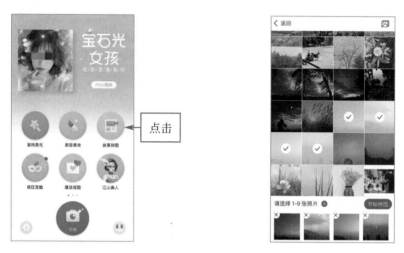

图 4-39 点击"故事拼图"按钮，进入选图界面

▶ **步骤02** ❶选择几张做封面的图片，点击"开始拼图"按钮即可；❷选择一款海报模板，如图4-40所示。

图 4-40 选择海报模板拼图

▶ 步骤03 保存并导出封面图片后，浏览制作好的封面效果，如图4-41所示。

图4-41 封面效果

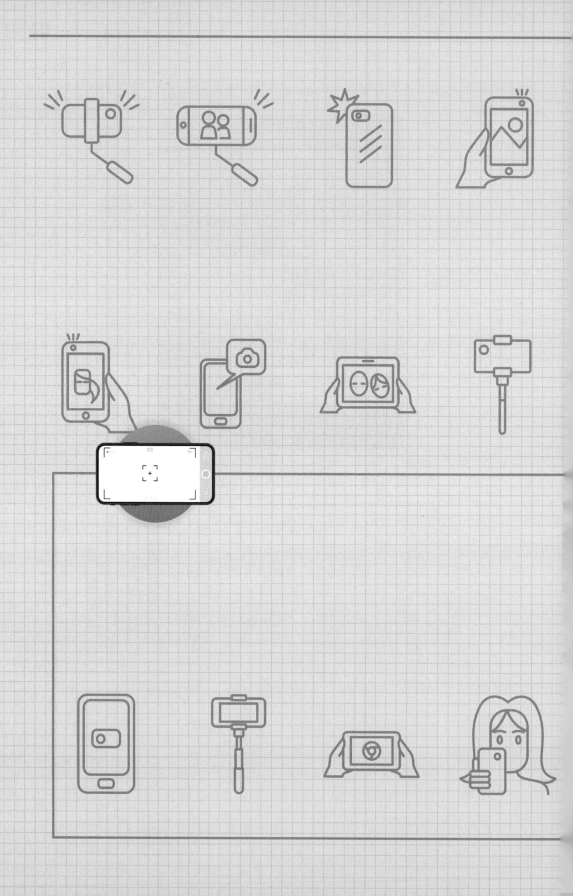

后期篇

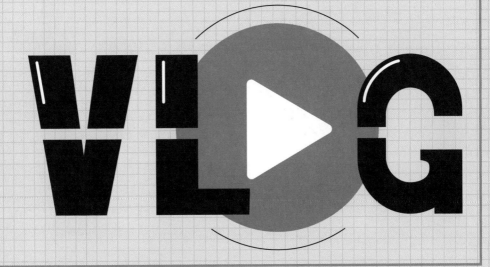

第 **5** 章

基本处理：
剪辑思路和操作全攻略

5.1 添加与替换 Vlog 视频素材 ▶

处理 Vlog 之前，需要将短视频素材添加到 APP 界面中，本节主要以"剪映"APP 为例，介绍添加与替换 Vlog 视频素材的操作方法。

5.1.1 添加视频素材

在时间线区域的视频轨道上，❶点击右侧的 + 按钮，如图 5-1 所示，进入"最近项目"界面；❷在其中选择相应的视频或照片素材，如图 5-2 所示。

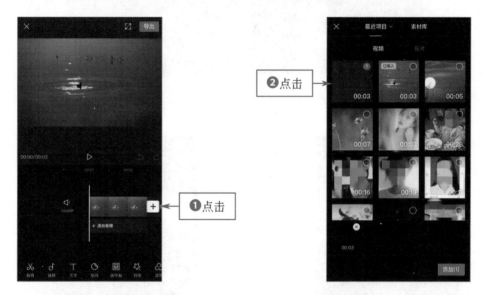

图 5-1 点击相应图标　　　　　　图 5-2 选择相应素材

点击"添加"按钮，即可在时间线区域的视频轨道上添加一个新的素材，如图 5-3 所示。

除了以上导入素材的方法外，用户还可以点击"开始创作"按钮，进入相应界面，点击"素材库"按钮，如图 5-4 所示。进入该界面后，可以看到剪映素材库内置了丰富的素材，向下滑动，可以看到有黑白场、插入动画、绿幕以及蒸汽波等，如图 5-5 所示。

Vlog视频拍摄、后期、营销、运营一本通

图 5-3　添加新的视频素材

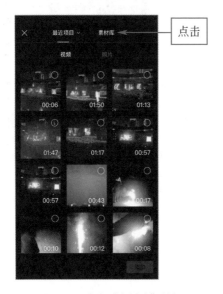

图 5-4　点击"素材库"按钮

图 5-5　"素材库"界面

　　例如，用户想要在视频片头做一个片头进度条，❶选择片头进度条素材片段；❷点击"添加"按钮；❸把素材添加到视频轨道中，如图5-6所示。

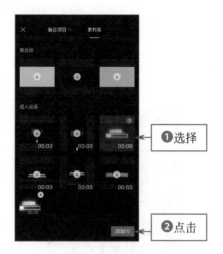

图 5-6　添加片头进度条素材片段

5.1.2　替换视频素材

当轨道中的视频素材不符合需要时，可以替换。下面介绍在剪映 APP 中替换视频素材的操作方法。

▶ 步骤01　打开剪好的视频文件，向左滑动视频轨道，找到需要替换的片段，并点击选择，如图 5-7 所示。

▶ 步骤02　在下方工具栏中，向左滑动，找到并点击"替换"按钮，如图 5-8 所示。

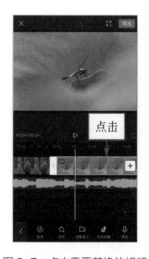

图 5-7　点击需要替换的视频　　　　图 5-8　点击"替换"按钮

▶ 步骤03 进入"最近项目"界面，选择想要替换的素材，如图5-9所示。

▶ 步骤04 替换成功后，便会在视频轨道上显示替换后的视频素材，如图5-10 所示。

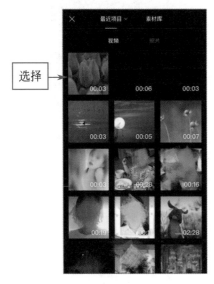

图 5-9 选择需要替换的素材

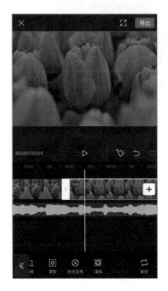

图 5-10 显示替换成功的视频素材

5.2 剪辑Vlog的技巧 ▶

在拍摄一个Vlog之后，一定要做好后期的剪辑工作，这样最终的呈现效果才更加符合要求，所以学好后期剪辑是很重要的。本节主要为读者详细介绍剪辑Vlog的技巧。

5.2.1 视频的基本剪辑技巧

当视频素材与我们所预想的画面有区别时，可以进行简单的剪辑。下面介绍使用剪映APP对视频进行剪辑处理的操作方法。

▶ 步骤01 在剪映APP中导入一个素材，点击左下角的"剪辑"按钮✂️，如图5-11所示。

▶ 步骤02 执行操作后，进入视频剪辑界面，如图5-12所示。

图 5-11 点击"剪辑"按钮　　　　　图 5-12 进入视频剪辑界面

▶ 步骤03 移动时间轴至两个片段的相交处，点击"分割"按钮，即可分割视频，如图5-13所示。

▶ 步骤04 先选择一个视频片段，点击"变速"按钮，再选择"常规变速"选项，进入调速界面，可以调整视频的播放速度，如图5-14所示。

图 5-13 分割视频　　　　　　　图 5-14 变速处理界面

步骤05 移动时间轴，❶选择视频的片尾；❷点击"删除"按钮，如图5-15 所示。

步骤06 执行操作后，即可删除片尾，如图5-16所示。

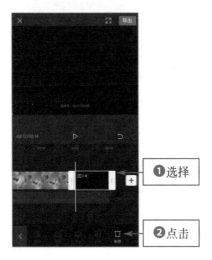

图5-15 点击"删除"按钮　　　　　　　　图5-16 删除片尾

步骤07 在剪辑界面点击"编辑"按钮，可以对视频进行旋转、镜像以及裁剪等编辑处理，如图5-17所示。

步骤08 在剪辑界面点击"复制"按钮，可以快速复制选择的视频片段，如图5-18所示。

图5-17 视频编辑功能　　　　　　　　图5-18 复制选择的视频片段

▶ 步骤09　在剪辑界面点击"倒放"按钮，系统会对所选择的视频片段进行倒放处理，并显示进度，如图5-19所示。

▶ 步骤10　稍等片刻，即可倒放所选视频，如图5-20所示。

图5-19　显示倒放处理进度

图5-20　倒放所选视频

▶ 步骤11　用户还可以在剪辑界面点击"定格"按钮，如图5-21所示。

▶ 步骤12　执行操作后，即可延长该片段的持续时间，然后使用双指放大时间轴中的画面片段，实现定格效果，如图5-22所示。

图5-21　点击"定格"按钮

图5-22　实现定格效果

步骤13 点击右上角的"导出"按钮,即可导出视频,效果如图5-23所示。

图5-23 导出并预览视频

图5-24 导入3个视频片段

5.2.2 调整位置并精细分割

在剪映APP中,点击"开始创作"按钮,导入3个素材,如图5-24所示。如果位置不对,用户可在视频轨道上选中并长按需要更换位置的素材,所有素材便会变成小方块,如图5-25所示。

变成小方块后,可将素材移动到合适的位置,如图5-26所示。移动到合适的位置后,松开手指即可成功调整素材的顺序,如图5-27所示。

用户如果想要对视频进行更加精细的剪辑,只需放大时间线,如图5-28所示。在时间刻度上,可以看到显示剪辑精度为8帧画面,如图5-29所示。

图 5-25　长按需要更换
位置的素材

图 5-26　移动素材
位置

图 5-27　调整素材
顺序

图 5-28　放大时间线

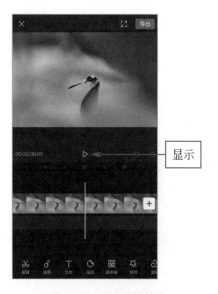

图 5-29　显示剪辑精度

　　虽然时间刻度上显示最高的精度是8帧画面，大于8帧的画面可分割，但用户也可以在大于4帧小于8帧的位置进行分割，如图5-30所示。

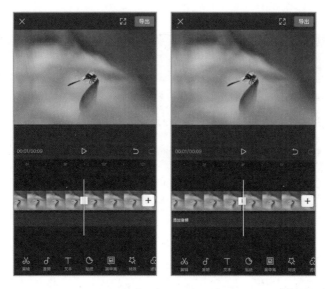

图 5-30　大于 8 帧的分割（左）和大于 4 帧小于 8 帧的分割（右）

5.2.3　缩放与移动视频素材

在剪映 APP 中，点击"开始创作"按钮，导入一段素材，进入视频编辑界面，如图 5-31 所示。❶ 点击视频轨道；❷ 预览区域会出现红色的边框线，即表示选中，如图 5-32 所示。

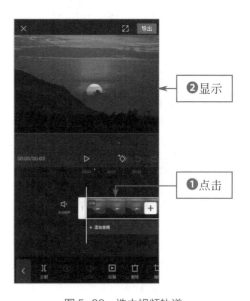

图 5-31　视频编辑界面　　　　　　　图 5-32　选中视频轨道

选中视频后，用户就可以直接用两根手指在预览区域对视频进行放大和缩小的操作，如图5-33所示。

图 5-33　对视频进行放大（左）和缩小（右）的操作

　　用户可以根据自身的需要将视频画面移动到不同的位置，如图5-34所示。

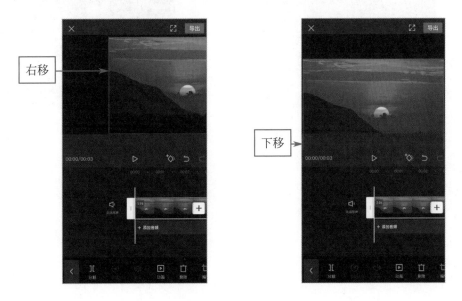

图 5-34　移动视频画面

5.2.4 裁剪与调整素材角度

为了让视频素材画面尺寸统一，用户可以使用剪映APP中的裁剪功能。下面介绍具体的操作方法。

▶ 步骤01 点击"开始创作"按钮，导入一段素材，如图5-35所示。

▶ 步骤02 点击视频轨道，向左滑动下方工具栏，找到并点击"编辑"按钮，如图5-36所示。

图 5-35 导入视频素材　　　　图 5-36 点击"编辑"按钮

▶ 步骤03 在"编辑"工具栏中，有"旋转""镜像""裁剪"3个工具，点击"裁剪"按钮，如图5-37所示。

▶ 步骤04 进入"裁剪"界面后，下方有角度刻度调整工具和画布比例选项，如图5-38所示。

▶ 步骤05 左右滑动角度刻度调整工具，可以调整画面的角度，如图5-39所示。用户也可以根据自身需要选择下方的画布比例预设；选择相应的比例裁剪画面，如图5-40所示。

图 5-37 点击"裁剪"按钮

图 5-38 "裁剪"界面

图 5-39 调整素材角度

图 5-40 选择画布比例

5.2.5 添加关键帧处理视频

下面介绍添加关键帧制作视频运动效果的具体操作方法。

▶ 步骤01 在剪映APP中，点击"开始创作"按钮，导入一段素材，点击"画中画"按钮，如图5-41所示。

▶ 步骤02 在下方的"画中画"二级工具栏中，点击"新增画中画"按钮，如图5-42所示。

图5-41 点击"画中画"按钮

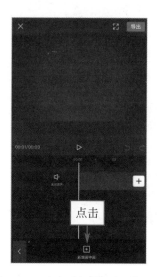

图5-42 点击"新增画中画"按钮

▶ 步骤03 进入"最近项目"界面，选择添加一段素材，点击下方工具栏中的"混合模式"按钮，如图5-43所示。

▶ 步骤04 执行操作后，向左滑动菜单，找到并选择"变亮"效果，如图5-44所示。

图5-43 点击"混合模式"按钮

图5-44 选择"变亮"效果

▶ 步骤05 点击 ✓ 按钮，即可应用"混合模式"效果，调整素材大小并移动到合适位置，如图5-45所示。

▶ 步骤06 点击时间线区域右上方的 ✧ 按钮，视频轨道上会显示一个红色的菱形标志 ◇ ，表示成功添加一个关键帧，如图5-46所示。

图 5-45 调整移动素材   图 5-46 成功添加关键帧

▶ 步骤07 执行操作后，再添加一个新的关键帧，拖曳一下时间轴，对素材的位置以及大小可再做改变，新的关键帧将自动生成，重复多次操作，制作素材的运动效果，如图5-47所示。

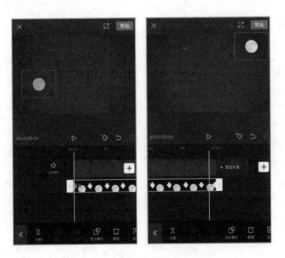

图 5-47 制作素材的运动效果

▶ 步骤08 保存之后返回到第一个创作页面，❶点击"特效"按钮，进入相应
界面；❷点击"新增特效"按钮，进入"梦幻"页面；❸选择自己喜欢的特
效；❹点击 ✓ 按钮即可，效果如图5-48所示。

图5-48 添加特效

▶ 步骤09 点击右上角的"导出"按钮，即可导出视频，效果如图5-49所示。

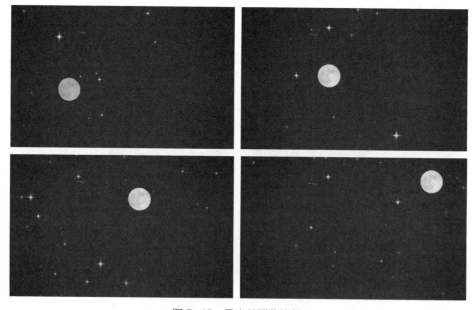

图5-49 导出并预览视频

5.2.6 掌握两种变速的方法

在剪映APP中，点击"开始创作"按钮，导入一段素材，点击"剪辑"按钮，如图5-50所示。进入剪辑二级工具栏，点击"变速"按钮，如图5-51所示。

图 5-50 点击"剪辑"按钮

图 5-51 点击"变速"按钮

进入变速工具栏中，有"常规变速"和"曲线变速"两个工具，点击"常规变速"按钮，即可进入"变速"界面，如图5-52所示。

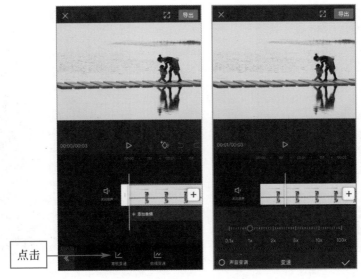

图 5-52 进入"变速"界面

其中，1×表示正常速度，小于1就是速度变慢，视频时间将会变长，同时视频轨道上的视频也将会拉长，如图5-53所示。大于1就是速度变快，视频时间将会变短，视频轨道上的视频也将会同时缩短，如图5-54所示。

图5-53　视频轨道拉长

图5-54　视频轨道缩短

再次导入一段素材，进入变速工具栏，点击"曲线变速"按钮，如图5-55所示。进入"曲线变速"界面后，可以看到有自定、蒙太奇、英雄时刻、子弹时间、跳接、闪进以及闪出7种预设，如图5-56所示。

图5-55　点击"曲线变速"按钮

图5-56　进入"曲线变速"界面

其中，后6个是系统自带的预设，点击"自定"选项，即可进入自定界面，如图5-57所示。用户可以任意拖动速度点，速度点在中轴线上方表示视频加速，速度点在中轴线下方表示视频减速，如图5-58所示。

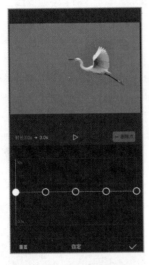

图 5-57　曲线调节界面

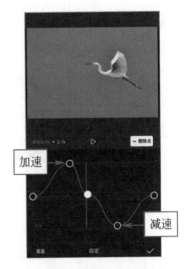

图 5-58　任意拖动速度点

　　把白色时间轴移动到速度点上，点击 删除点 按钮，即可删除速度点，如图5-59所示。移动到没有速度点的曲线上，点击 添加点 按钮，即可添加速度点，如图5-60所示。如果对当前设置不满意，点击左下角的重置按钮，即可重新调节速度。

图 5-59　删除速度点

图 5-60　添加速度点

5.2.7 解决画面结尾黑屏的问题

下面介绍使用剪映APP解决素材后半段黑屏问题的具体操作方法。

▶ 步骤01 在剪辑草稿中，找到并选择后半段出现黑屏的视频草稿，如图5-61所示。

▶ 步骤02 点击视频轨道，轨道上显示视频时长为3.0秒，而左上角的总时长显示为48秒，如图5-62所示。

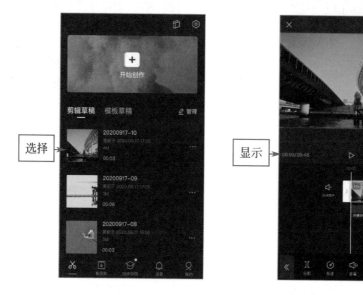

图 5-61　选择视频草稿　　　　图 5-62　时长显示

▶ 步骤03 滑动时间轴至视频轨道的结尾处，可以看到音频轨道有多余的音频，如图5-63所示。

▶ 步骤04 选择音频轨道，点击"分割"按钮，删除后半段音频，即可解决素材后半段黑屏的问题，如图5-64所示。

▶ 步骤05 除了音频多余外，字幕和贴纸过长也会出现类似问题，点击"文字"按钮，进入文字编辑界面，如图5-65所示。

▶ 步骤06 用同样的方法，滑动时间轴至视频轨道的结尾处，删除多余的字幕和贴纸，即可解决此类问题，如图5-66所示。

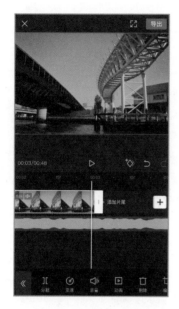

图 5-63　滑动时间轴

图 5-64　删除后半段音频

图 5-65　进入文字编辑界面

图 5-66　删除多余的字幕和贴纸

5.3 对Vlog进行调色处理 ▶

色彩对于Vlog来说，占有很重要的地位。色彩的灵动展现，是让视频更为鲜活的重要元素，能让视频在视觉上给观众以更强的冲击力，也能让视频拍摄的内容有一个更为生动的展现。

剪映APP除了可以对视频进行剪辑外，还可以调整画面的很多其他参数，如亮度、对比度、饱和度以及锐度等，这些参数的调节，可以让视频画面更加完美。本节为大家详细介绍如何用剪映APP调整视频的色彩和影调。

5.3.1 调整视频亮度

在视频拍摄时，如果画面亮度不够，会在很大程度上影响视频色彩的展现，比如在阴天或者较暗的地方拍摄，会影响视频画面的整体质量。下面介绍使用剪映APP调节视频画面亮度的操作方法。

▶ 步骤01 打开剪映APP，导入素材片段，点击"剪辑"按钮 ✂，进入视频剪辑界面，如图5-67所示。

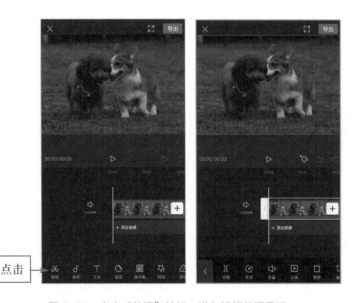

图5-67 点击"剪辑"按钮，进入视频剪辑界面

▶ 步骤02 ❶点击"调节"按钮 ⚙ ，进入"调节"界面；❷点击"亮度"按钮 ☀ ，如图5-68所示。

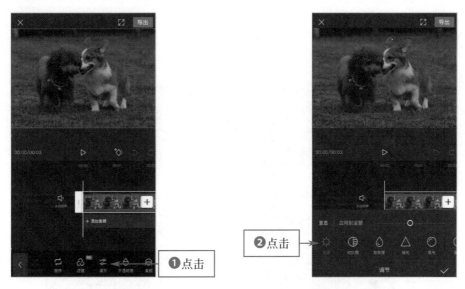

图 5-68　点击"调节"按钮，调节画面亮度

▶ 步骤03 ❶向右拖曳增加画面亮度，根据实际情况调整参数；❷调节好后点击"确认"按钮 ✓ ，即可完成视频画面亮度的调节，如图5-69所示。

图 5-69　调整画面亮度参数

5.3.2　调整视频对比度

调整视频画面的对比度，旨在增强画面中光线的对比效果，使拍摄主体更加突出和醒目。下面介绍使用剪映APP调节视频画面对比度的操作方法。

▶ **步骤01**　打开剪映APP，导入素材片段，点击"剪辑"按钮 ✂，进入视频剪辑界面，如图5-70所示。

图5-70　点击"剪辑"按钮，进入视频剪辑界面

▶ **步骤02**　❶点击"调节"按钮 ⚌，进入调节界面；❷点击"对比度"按钮 ◑，如图5-71所示。

图5-71　点击"调节"按钮，调节画面对比度

步骤03 ❶向右拖曳增加画面对比度；❷调节完后点击"确认"按钮✔，即可完成视频画面对比度的调节，如图5-72所示。

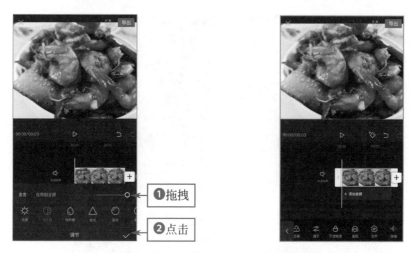

图5-72　调节画面对比度参数

5.3.3　调整视频饱和度

饱和度的调整，是为了使色彩更加接近纯色色相，让视频拍摄主体的色彩很好地还原和展现。下面介绍使用剪映APP调节视频画面饱和度的操作方法。

步骤01 打开剪映APP，导入素材片段，点击"剪辑"按钮✂，进入视频剪辑界面，如图5-73所示。

图5-73　点击"剪辑"按钮，进入视频剪辑界面

▶ 步骤02 ❶点击"调节"按钮 ，进入"调节"界面；❷点击"饱和度"
按钮 ，如图5-74所示。

图5-74 点击"调节"按钮，调节画面饱和度

▶ 步骤03 ❶向右拖曳增加画面饱和度；❷调节完后点击"确认"按钮 ，
即可完成视频画面饱和度的调节，如图5-75所示。

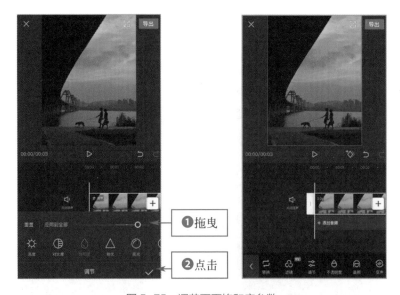

图5-75 调节画面饱和度参数

5.3.4 调整视频锐度

当视频画面稍微模糊时，适当调整锐度，能使画面模糊的细节清晰化。下面介绍使用剪映APP调节视频画面锐度的操作方法。

▶步骤01 打开剪映APP，导入素材片段，点击"剪辑"按钮✂，进入视频剪辑界面，如图5-76所示。

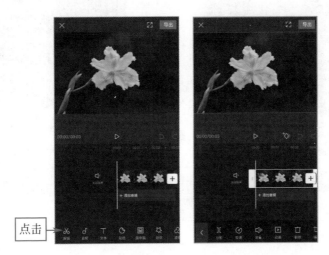

图 5-76 点击"剪辑"按钮，进入视频剪辑界面

▶步骤02 ❶点击"调节"按钮，进入"调节"界面；❷点击"锐化"按钮，如图5-77所示。

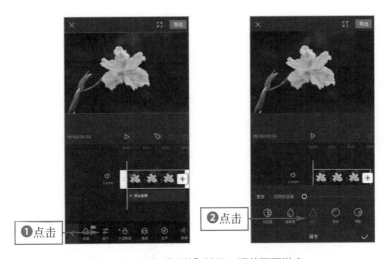

图 5-77 点击"调节"按钮，调节画面锐度

▶ **步骤03** ❶向右拖曳增加画面锐度；❷调节完后点击"确认"按钮✓，即可完成视频画面锐度的调节，让画面看上去更加清晰，如图5-78所示。

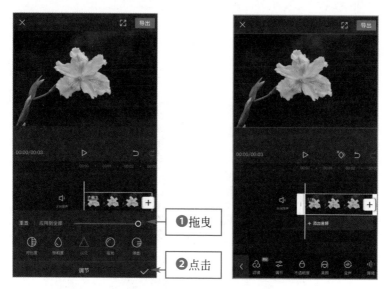

图 5-78 调节画面锐化参数

第 **6** 章

高级玩法：
让 Vlog 秒变大片

6.1 制作视频的滤镜特效 ▶

想要让你的Vlog不普通，就得学会添加各种各样的滤镜特效，丰富画面元素。本节主要介绍制作视频滤镜的操作方法。

6.1.1 添加滤镜特效

当视频素材颜色有欠缺时，我们可以添加滤镜，改善色差造成的不美观效果。下面介绍为视频添加滤镜效果的操作方法。

▶ 步骤01 在剪映APP中导入一个素材，点击一级工具栏中的"滤镜"按钮，如图6-1所示。

▶ 步骤02 进入滤镜编辑界面，点击"新增滤镜"按钮，如图6-2所示。

图6-1 点击"滤镜"按钮

图6-2 点击"新增滤镜"按钮

▶ 步骤03 调出"滤镜"菜单，根据视频场景选择合适的滤镜效果，如图6-3所示。

▶ 步骤04 选中滤镜轨道，拖曳两侧的白色拉杆，调整滤镜的持续时间与视频一致，如图6-4所示。

选择

图 6-3 选择合适的滤镜效果

拖曳

图 6-4 调整滤镜的持续时间

步骤05 点击图6-4底部的"滤镜"按钮，调出"滤镜"菜单，再次点击所选择的滤镜效果；拖曳白色圆圈滑块，适当调整滤镜的程度，如图6-5所示。

步骤06 点击"导出"按钮导出视频，预览视频效果，如图6-6所示。

拖曳

点击

图 6-5 调整滤镜程度

图 6-6 预览视频效果

6.1.2 添加画面特效

在剪映APP中导入一个素材，点击一级工具栏中的"特效"按钮，如图6-7所示。执行操作后，进入特效编辑界面，在"基础"选项卡里面有开幕、变清晰等特效预设，如图6-8所示。

图 6-7 点击"特效"按钮

图 6-8 "基础"选项卡中的预设

例如，选择"模糊开幕"特效，即可在预览区域看到画面从模糊逐渐变清晰的视频效果，如图6-9所示。再如，选择"录像机"特效，即可在预览区域看到模拟录像机拍摄视频的效果，如图6-10所示。

图 6-9 选择"模糊开幕"特效

图 6-10 选择"录像机"特效

用户也可以切换至"梦幻"选项卡，其中有金粉、模糊等特效预设，如图6-11所示。如选择"烟雾"特效，即可在预览区域看到白色烟雾飘动的视频效果，如图6-12所示。

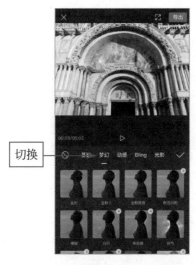

图6-11　切换至"梦幻"选项卡

图6-12　选择"烟雾"特效

切换至"动感"选项卡，其中有抖动、灵魂出窍、闪光灯等特效预设，如图6-13所示。如选择"幻彩文字"特效，即可在预览区域看到镂空的文字边抖动边变化色彩的视频效果，如图6-14所示。

图6-13　切换至"动感"选项卡

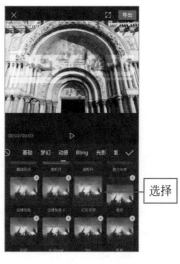

图6-14　选择"幻彩文字"特效

切换至Bling选项卡，其中有自然、自然II等特效预设，如图6-15所示。如
选择"美式V"特效，即可在预览区域看到模拟投影仪投影的效果，如图6-16
所示。

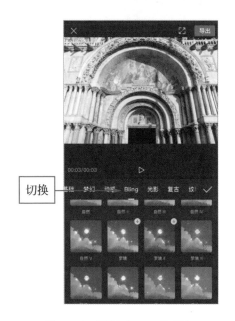
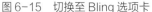
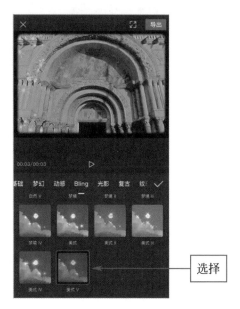

图6-15　切换至Bling选项卡　　　　　　图6-16　选择"美式V"特效

6.1.3　制作花卉特效

　　当你拍了一段花卉视频，但又觉得画面很普通，就可以为视频添加适合的特
效。下面介绍为花卉视频作品添加特效的具体操作方法。

▶ 步骤01　在剪映APP中导入一个素材，点击一级工具栏中的"特效"按钮，
　　如图6-17所示。

▶ 步骤02　进入特效编辑界面，在"基础"选项卡中选择"开幕"动画效果，
　　如图6-18所示。

▶ 步骤03　执行操作后，即可添加"开幕"特效，如图6-19所示。

▶ 步骤04　选择"开幕"特效，拖曳时间轴右侧的白色拉杆，调整特效的持续
　　时间，如图6-20所示。

图 6-17　点击"特效"按钮

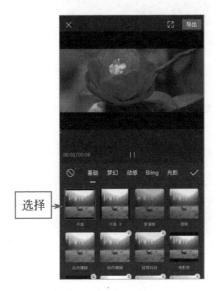

图 6-18　选择"开幕"效果

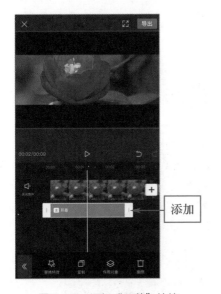

图 6-19　添加"开幕"特效

图 6-20　调整特效的持续时间

⏵步骤05　❶拖曳时间轴至"开幕"特效的结束位置；❷点击"新增特效"按钮，如图6-21所示。

⏵步骤06　在"梦幻"选项卡中选择"蝶舞"效果，如图6-22所示。

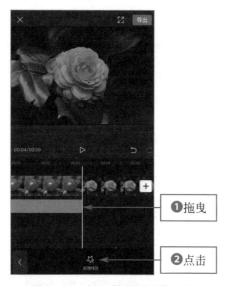

图 6-21　点击"新增特效"按钮

图 6-22　选择"蝶舞"效果

步骤07 执行操作后，即可添加"蝶舞"特效，如图 6-23 所示。

步骤08 ❶拖曳时间轴至"蝶舞"特效的结束位置；❷点击"新增特效"按钮，如图 6-24 所示。

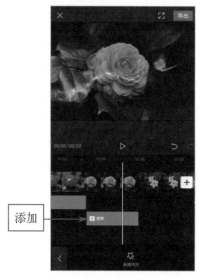

图 6-23　添加"蝶舞"特效

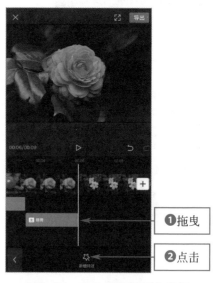

图 6-24　点击"新增特效"按钮

步骤09 在"基础"特效选项卡中选择"闭幕"效果，如图 6-25 所示。

步骤10 执行操作后，即可在视频结尾处添加"闭幕"特效，如图 6-26 所示。

选择

图6-25 选择"闭幕"效果

图6-26 添加"闭幕"特效

步骤11 点击右上角的"导出"按钮，即可导出视频预览特效，如图6-27所示。

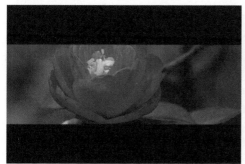

图6-27 导出并预览视频

6.1.4 制作风景特效

当素材的画面不够丰富时，可以为视频添加多重特效。下面介绍使用剪映APP添加多重特效的具体操作方法。

步骤01 点击"开始创作"按钮，导入一个素材，点击一级工具栏中的"特效"按钮，如图6-28所示。

步骤02 在"基础"选项卡中，选择"变彩色"特效，如图6-29所示。

图 6-28　点击"特效"按钮

图 6-29　选择"变彩色"特效

▶ 步骤03　点击 ✓ 按钮，即可成功添加特效，用户可在预览区域看到画面色彩从灰色变成彩色的效果，视频轨道下面也会出现一段特效轨道，如图6-30所示。

▶ 步骤04　点击 ◀ 按钮返回，再点击"新增特效"按钮，如图6-31所示。

图 6-30　成功添加特效

图 6-31　点击"新增特效"按钮

▶ 步骤05　执行操作后，切换至"梦幻"选项卡，选择"火光"特效，即可在预览区域看到火光以及红色烟雾的视频效果，如图6-32所示。

步骤06 点击 ✓ 按钮，即可看到两个特效叠加在轨道上，如图6-33所示。

图6-32 选择"火光"特效

图6-33 两个特效叠加在轨道上

步骤07 依次点击 ◄ 按钮、◄ 按钮，再点击工具栏中的"画中画"按钮，如图6-34所示。

步骤08 点击"新增画中画"按钮，进入"最近项目"界面，再选择一个新的素材添加到视频轨道中，如图6-35所示。

图6-34 点击"画中画"按钮

图6-35 添加新的素材至视频轨道中

▶ 步骤09 依次点击◀按钮、◀按钮，再点击"特效"按钮，点击"新增特效"
按钮，切换至"梦幻"选项卡中，选择"金片"特效，如图6-36所示。

▶ 步骤10 点击✓按钮，即可将特效添加到视频中去，再点击下方工具栏中
的"作用对象"按钮，如图6-37所示。

图6-36 选择"金片"特效

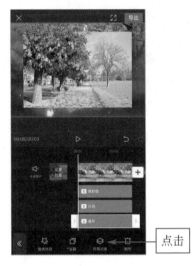

图6-37 点击"作用对象"按钮

▶ 步骤11 执行操作后，选择"画中画"选项，如图6-38所示。

▶ 步骤12 点击✓按钮，即可在时间区域看到多重特效，如图6-39所示。

图6-38 选择"画中画"选项

图6-39 多重特效

6.1.5 制作人物特效

如果你的素材还不够惊艳，可以为视频添加突出人物的特效。下面介绍制作能瞬间霸屏朋友圈的人物视频特效的具体操作方法。

▶ 步骤01 在剪映APP中导入一个素材，将时长设置为3秒，如图6-40所示。

▶ 步骤02 拖曳时间轴至1秒的位置，点击"分割"按钮，将视频分成两段，如图6-41所示。

图6-40 时长设置为3秒

图6-41 视频分成两段

▶ 步骤03 选中后段视频，点击"动画"按钮，在"动画"菜单中，选择"组合动画"选项，如图6-42所示。

▶ 步骤04 执行操作后，打开"组合动画"的预设菜单列表，在其中找到并选择"缩放"动画，如图6-43所示。

▶ 步骤05 执行操作后，返回一级工具栏，点击"特效"按钮，如图6-44所示。

▶ 步骤06 进入"特效"界面后，在"基础"选项卡中选择"模糊"特效，如图6-45所示。

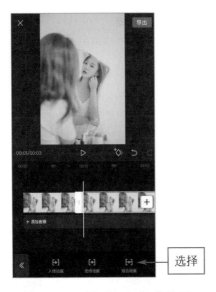

图6-42　选择"组合动画"选项

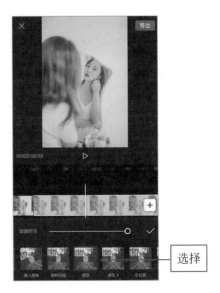

图6-43　选择"缩放"动画

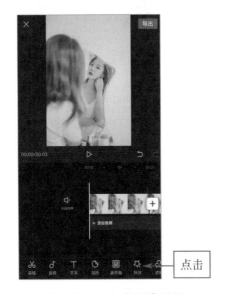

图6-44　点击"特效"按钮

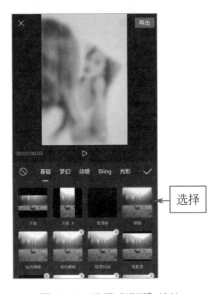

图6-45　选择"模糊"特效

▶ **步骤07**　点击✓按钮返回，拖曳"模糊"特效轨道右侧的白色拉杆，调整特效的持续时间与前段视频一致，如图6-46所示。

▶ **步骤08**　点击◀按钮返回，拖曳时间轴至后段视频的起始位置，再点击"新增特效"按钮，切换至"梦幻"选项卡，选择"心河"特效，如图6-47所示。

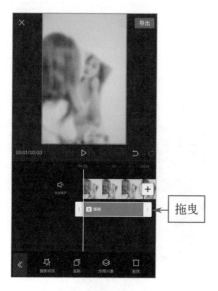

图6-46　调整特效的持续时长

图6-47　选择"心河"特效

▶步骤09　点击✓按钮返回，拖曳"心河"特效轨道右侧的白色拉杆，调整特效的持续时间与后段视频一致，如图6-48所示。

▶步骤10　点击《按钮返回，点击"音频"按钮，导入一段适合的背景音乐，如图6-49所示。

图6-48　调整特效的持续时长

图6-49　导入背景音乐

步骤11 执行操作后，拖曳时间轴至视频结尾处，点击"分割"按钮，如图6-50所示。

步骤12 分割音频后，选中后段音频，点击"删除"按钮，即可删除多余的音频，如图6-51所示。

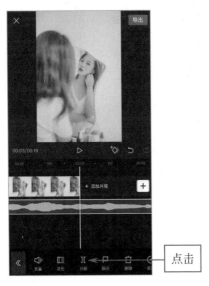

图6-50 点击"分割"按钮

图6-51 删除多余的音频

步骤13 点击右上角的"导出"按钮，最终视频效果如图6-52所示。

图6-52 最终视频效果

6.2 制作视频的动画特效 ▶

拍摄好Vlog之后，我们可以根据需要在多段视频之间添加转场效果，转场其实就是一种特殊的滤镜，是在两段视频素材之间的过渡效果。本节主要介绍制作视频转场特效与动画特效的操作方法。

6.2.1 了解动画类型

在剪映APP中导入一段素材后，选中视频素材，点击下方工具栏中的"动画"按钮，如图6-53所示。进入"动画"菜单后，可以看到有"入场动画""出场动画""组合动画"3个选项，如图6-54所示。

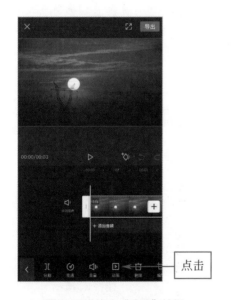

图6-53 点击"动画"按钮

图6-54 "动画"菜单

点击"入场动画"选项，进入该菜单后，可以看到有渐显、轻微放大、放大以及缩小等动画预设，如图6-55所示。例如，找到并选择"动感缩小"动画效果，可以看到画面慢慢缩小，如图6-56所示。

图 6-55 "入场动画"菜单

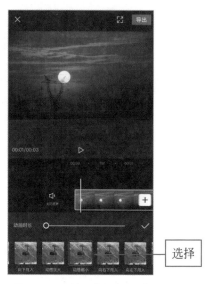

图 6-56 选择"动感缩小"动画效果

　　拖曳"动画时长"右侧的白色圆圈滑块，可根据需要适当调整动画的持续时长，如图6-57所示。点击 ✓ 按钮，返回"动画"菜单，点击"出场动画"选项，进入该菜单后，可以看到有渐隐、轻微放大、放大以及缩小等动画效果，如图6-58所示。

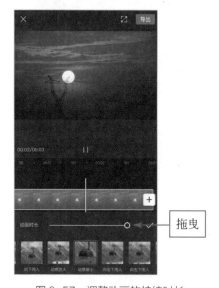

图 6-57 调整动画的持续时长

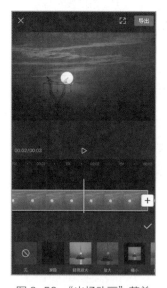

图 6-58 "出场动画"菜单

　　例如，找到并选择"轻微放大"动画效果，可以看到画面先慢慢变大，如图6-59所示。拖曳"动画时长"右侧的白色圆圈滑块，也可适当调整"轻微放大"

动画的持续时长，如图6-60所示。

图6-59 选择"轻微放大"动画效果

图6-60 调整动画的持续时长

点击✓按钮，返回"动画"菜单，点击"组合动画"选项，进入该菜单后，可以看到有旋转降落、降落旋转、旋转缩小以及缩小旋转等动画效果，如图6-61所示。例如，找到并选择"小火车"动画效果，可以看到画面先放大然后往左滑动，如图6-62所示。

图6-61 "组合动画"菜单

图6-62 选择"小火车"动画效果

6.2.2 添加转场效果

为了使制作的Vlog播放更加流畅，可以给两个画面之间添加合适的转场效果。下面介绍使用剪映APP为视频添加转场效果的操作方法。

▶ 步骤01 打开一个素材，点击两个视频片段中间的 I 图标，如图6-63所示。

▶ 步骤02 执行操作后，进入"转场"编辑界面，如图6-64所示。

图6-63 点击相应图标按钮

图6-64 进入"转场"编辑界面

▶ 步骤03 切换至"特效转场"选项卡，选择"放射"转场效果，如图6-65所示。

▶ 步骤04 适当向右拖曳"转场时长"滑块，可调整转场效果的持续时长，如图6-66所示。

▶ 步骤05 依次点击"应用到全部"按钮和 ✓ 按钮，确认添加转场效果，分别点击第2个素材片段和第3个素材片段中间的 ⋈ 图标，如图6-67所示。

▶ 步骤06 切换至"特效转场"选项卡，选择"炫光"转场效果，如图6-68所示。

图6-65 选择"放射"转场效果

图6-66 调整转场时长

图6-67 添加转场效果

图6-68 选择"炫光"转场效果

步骤07 点击 ✓ 按钮，即可修改转场效果，点击右上角的"导出"按钮，导出并预览视频，效果如图6-69所示。

图 6-69　导出并预览视频

6.2.3　添加动画效果

当多个素材组合在一起时，可以为素材添加适当的动画效果。下面介绍使用剪映APP为视频添加动画效果的操作方法。

▶ 步骤01　在剪映APP中导入3个视频素材，如图6-70所示。

▶ 步骤02　进入素材片段的剪辑界面，❶点击选中片段；❷点击底部的"动画"按钮，如图6-71所示。

图 6-70　选择相应视频片段

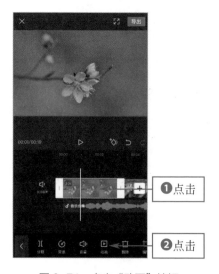

❶点击

❷点击

图 6-71　点击"动画"按钮

▶ 步骤 03 调出动画菜单，在其中选择"降落旋转"动画效果，如图6-72所示。

▶ 步骤 04 根据需要适当向右拖曳白色的圆圈滑块，调整"动画时长"选项，如图6-73所示。

图6-72 选择"降落旋转"动画效果

图6-73 调整"动画时长"选项

▶ 步骤 05 选择第2段视频，添加"抖入放大"动画效果，如图6-74所示。

▶ 步骤 06 选择第3段视频，添加"向右下甩入"动画效果，如图6-75所示。

图6-74 添加"抖入放大"动画效果

图6-75 添加"向右下甩入"动画效果

▶ 步骤07 点击✓按钮，确认添加多个动画效果，并点击右上角的"导出"按钮，可以看到随着动画效果的出现，视频也完成了场景的转换，从而实现创意无缝转场效果，如图6-76所示。

图6-76 导出并预览视频

6.2.4 制作运镜特效

在两段视频素材之间添加运镜转场特效，可以使画面在过渡的时候产生运镜效果。下面介绍使用剪映APP制作运镜特效的具体操作方法。

▶ 步骤01 点击"开始创作"按钮，❶导入两个素材，点击选中第一段素材；❷点击下方工具栏中的"动画"按钮，如图6-77所示。

▶ 步骤02 调出动画菜单，选择"组合动画"选项，如图6-78所示。

▶ 步骤03 执行操作后，选择"降落旋转"动画效果，如图6-79所示。

▶ 步骤04 点击✓按钮后，❶点击选中第二段素材；❷选择"组合动画"选项，如图6-80所示。

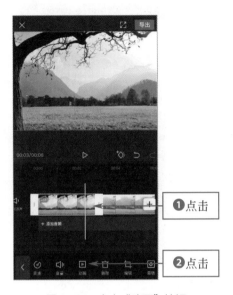

图6-77　点击"动画"按钮

图6-78　选择"组合动画"选项

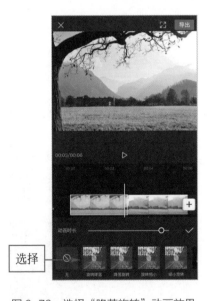

图6-79　选择"降落旋转"动画效果

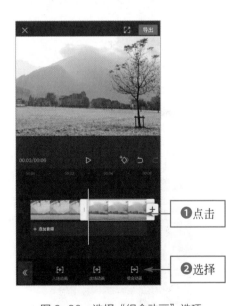

图6-80　选择"组合动画"选项

▶ 步骤05　执行操作后，选择"旋转降落"动画效果，如图6-81所示。

▶ 步骤06　点击✓按钮后，点击两段素材中间的丨图标，如图6-82所示。

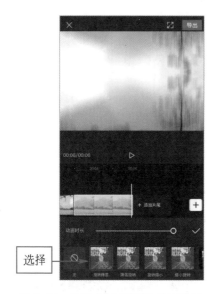

图 6-81　选择"旋转降落"动画效果

图 6-82　点击相应图标按钮

▶ 步骤07　进入转场编辑界面后，切换至"运镜转场"选项卡，如图6-83所示。

▶ 步骤08　向左滑动转场效果，找到并选择"向左"转场效果，如图6-84所示。

图 6-83　切换至"运镜转场"选项卡

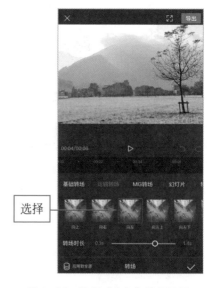

图 6-84　选择"向左"转场效果

步骤09 点击 ✓ 按钮，拉镜效果即可完成，点击"导出"按钮，预览视频效果，如图6-85所示。

图6-85　导出并预览视频

6.2.5　制作扫屏特效

当视频素材太单调时，可以使用扫屏效果让整个画面焕然一新。下面介绍使用剪映APP制作扫屏特效的具体操作方法。

步骤01 在剪映APP中，点击"开始创作"按钮，❶选择两段素材，前一段素材是未调色的，后一段素材是调过色的；❷点击"添加"按钮，如图6-86所示。

步骤02 添加素材后，点击两个素材片段中间的 ⏸ 图标，如图6-87所示。

步骤03 调出转场菜单，向左滑动"基础转场"预设，找到并选择"向右擦除"转场效果，如图6-88所示。

步骤04 向右拖曳白色圆圈滑块，将"转场时长"设置为1.5秒，如图6-89所示。

图 6-86　添加视频素材

图 6-87　点击相应图标按钮

图 6-88　选择"向右擦除"转场效果

图 6-89　设置"转场时长"

▶ 步骤05　执行操作后，点击"导出"按钮，即可预览视频效果，如图6-90所示。

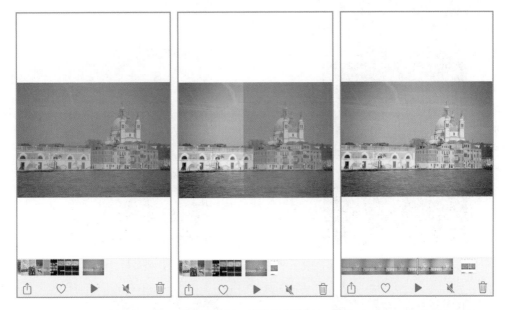

图6-90 预览视频效果

6.3 合成视频画面效果 ▶

合成功能可以让一个视频的画面更加丰富多彩，让视频拍摄的内容有一个更为完整地展现。本节详细介绍如何使用剪映APP为视频添加蒙版效果、制作三屏画面、合成处理视频、制作人物特效等内容。

6.3.1 了解蒙版界面

在剪映APP中导入一个素材，选中素材轨道，点击下方工具栏中的"蒙版"按钮，如图6-91所示。进入蒙版界面后，可以看到下方有线性、镜面、圆形、矩形、爱心以及星形6个蒙版形状，如图6-92所示。

例如，❶选择"镜面"蒙版；❷单指在预览区域拖动蒙版，即可调整蒙版显示的位置，如图6-93所示。双指捏合蒙版，可以对蒙版进行缩放操作，如图6-94所示。

图 6-91　点击"蒙版"按钮

图 6-92　蒙版界面

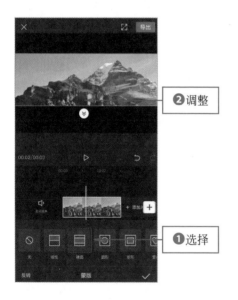

图 6-93　调整蒙版显示的位置

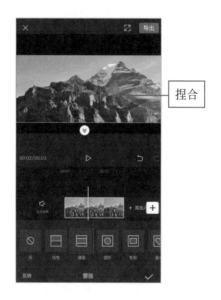

图 6-94　缩放蒙版

　　双指旋转蒙版，即可让蒙版进行旋转操作，上方会显示旋转的角度数，如图6-95所示。拖曳⊗按钮，可以调整蒙版的羽化数值，让它与其他素材更加自然地融合在一起，如图6-96所示。

　　另外，选择"矩形"蒙版，如图6-97所示。拖曳蒙版左上角的◎按钮，可以调节直角的圆度，如图6-98所示。

图 6-95　旋转蒙版

图 6-96　调整蒙版羽化值

图 6-97　选择"矩形"蒙版

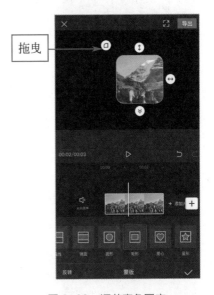

图 6-98　调节直角圆度

6.3.2　添加蒙版效果

当你需要的一段素材上有水印时，为了美观和隐私，可以给素材添加蒙版来去除水印。下面介绍使用剪映APP中的蒙版工具去除水印的具体操作方法。

▶ 步骤01　在剪映APP中导入有水印的素材，点击一级工具栏中的"画中画"

按钮，如图6-99所示。

▶ 步骤02 执行操作后，进入相应界面，点击"新增画中画"按钮，再次导入有水印的素材，如图6-100所示。

图6-99 点击"画中画"按钮

图6-100 导入有水印的视频

▶ 步骤03 双指在预览区域放大画中画视频，使其与原视频的画面大小保持一致，如图6-101所示。

▶ 步骤04 点击《按钮返回，点击"特效"按钮，如图6-102所示。

图6-101 放大画中画视频

图6-102 点击"特效"按钮

▶ **步骤05** 进入"特效"界面后，在"基础"选项卡中选择"模糊"特效，如图6-103所示。

▶ **步骤06** 点击 ✓ 按钮，点击下方工具栏中的"作用对象"按钮，如图6-104所示。

图6-103 选择"模糊"特效

图6-104 点击"作用对象"按钮

▶ **步骤07** 执行操作后，选择特效的作用对象为"画中画"选项，如图6-105所示。

▶ **步骤08** 点击 ✓ 按钮返回，❶选中画中画视频轨道；❷点击下方工具栏中的"蒙版"按钮，如图6-106所示。

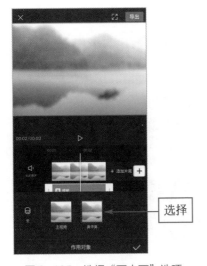

图6-105 选择"画中画"选项

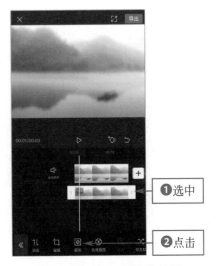

图6-106 点击"蒙版"按钮

Vlog视频拍摄、后期、营销、运营一本通

步骤09 执行操作后，选择"矩形"蒙版，如图6-107所示。

步骤10 执行操作后，在预览区域调整蒙版的大小，移动到水印的位置，覆盖水印，如图6-108所示。

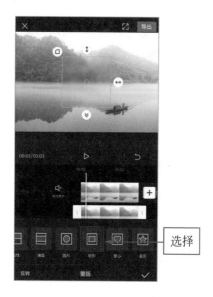

图6-107 选择"矩形"蒙版

图6-108 调整蒙版大小以及位置

步骤11 用以上同样的操作方法，继续添加多个"模糊"特效，点击"导出"按钮，导出并播放预览视频，效果对比如图6-109所示。

(a) 去水印前

142

(b) 去水印后

图6-109 去水印前与去水印后的效果对比

6.3.3 制作三屏画面

"画中画"效果是指在同一个视频中同时叠加显示多个视频的画面。下面介绍制作三屏画中画特效的制作方法。

▶步骤01 在剪映APP中先导入一个素材文件，再点击底部的"画中画"按钮，如图6-110所示。

▶步骤02 进入"画中画"编辑界面，点击"新增画中画"按钮，如图6-111所示。

图6-110 点击"画中画"按钮

图6-111 点击"新增画中画"按钮

▶ 步骤03 进入"最近项目"界面，❶选择第2个素材；❷点击"添加"按钮，如图6-112所示。

▶ 步骤04 执行操作后，即可导入第2个素材，如图6-113所示。

图6-112 点击"添加"按钮

图6-113 导入第2个素材

▶ 步骤05 返回主界面，点击底部的"比例"按钮，如图6-114所示。

▶ 步骤06 在比例菜单中选择9：16选项，调整屏幕比例，如图6-115所示。

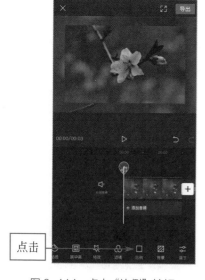

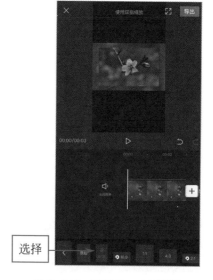

图6-114 点击"比例"按钮

图6-115 选择9：16选项

▶ 步骤07 返回"画中画"编辑界面，选择第2个视频，在视频预览区域放大画面，并适当调整其位置，如图6-116所示。

▶ 步骤08 点击"新增画中画"按钮，进入"最近项目"界面，❶选择第3个素材；❷点击"添加"按钮，如图6-117所示。

图6-116 调整视频的大小和位置

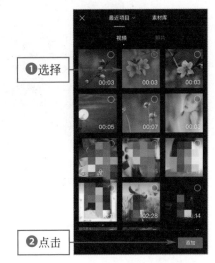

图6-117 添加第3个素材

▶ 步骤09 添加第3个视频，并适当调整其大小和位置，如图6-118所示。

▶ 步骤10 在视频结尾处删除片尾，并删除多余的画面，将3个视频片段的长度调成一致，如图6-119所示。

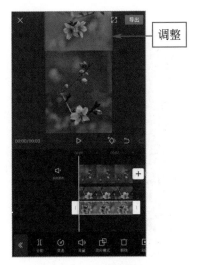

图6-118 添加并调整视频

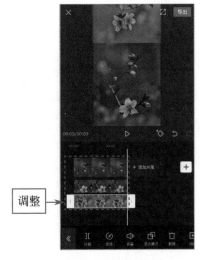

图6-119 调整视频长度

▶ 步骤11 点击右上角的"导出"按钮，即可导出视频，预览画中画视频效果，如图6-120所示。

图6-120 导出并预览视频

6.3.4 合成处理视频

制作Vlog的时候，我们可以将两段不同的素材进行合成操作，使画面元素更加丰富。下面介绍使用剪映APP对两个素材进行合成处理的操作方法。

▶ 步骤01 在剪映APP中导入一个素材，点击"画中画"按钮，如图6-121所示。

▶ 步骤02 进入"画中画"编辑界面，点击底部的"新增画中画"按钮，如图6-122所示。

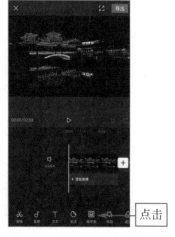

图6-121 点击"画中画"按钮

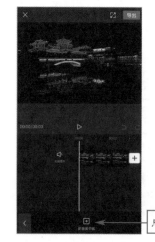

图6-122 点击"新增画中画"按钮

步骤03 进入"最近项目"界面，❶选择要合成的素材；❷点击"添加"按钮，如图6-123所示。

步骤04 执行操作后，即可添加素材，如图6-124所示。

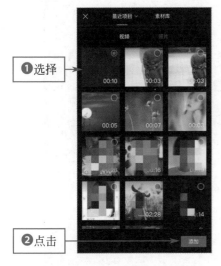

❶选择

❷点击

图6-123 点击"添加"按钮

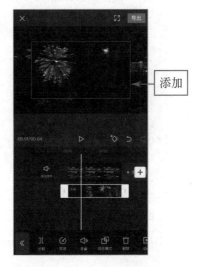

添加

图6-124 添加视频素材

步骤05 在视频预览区域中适当调整素材的大小和位置，如图6-125所示。

步骤06 点击"混合模式"按钮，调出其菜单，选择"滤色"选项，即可合成烟花视频效果，如图6-126所示。

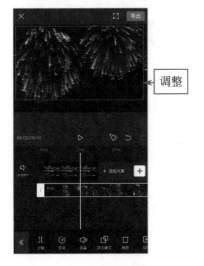

调整

图6-125 调整视频素材

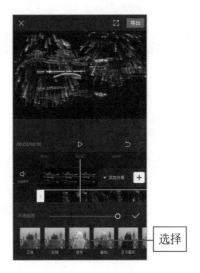

选择

图6-126 选择"滤色"选项

▶ 步骤07　点击 ✓ 按钮添加"混合模式"效果，点击右上角的"导出"按钮，导出并预览视频，效果如图6-127所示。

图6-127　导出并预览视频

6.3.5　制作人物特效

当我们制作人像视频的时候，运用"画中画"功能可以制作出人物"灵魂出窍"的特效。下面介绍使用剪映APP制作"灵魂出窍"画面特效的操作方法。

▶ 步骤01　在剪映APP中导入一个人像的素材，点击"画中画"按钮，如图6-128所示。

▶ 步骤02　进入"画中画"的编辑界面，点击"新增画中画"按钮，如图6-129所示。

图 6-128 点击"画中画"按钮

图 6-129 点击"新增画中画"按钮

（步骤03）再次导入相同场景和机位的视频素材，如图6-130所示。

（步骤04）❶将素材放大，使其铺满整个画面；❷点击底部的"不透明度"
按钮，如图6-131所示。

图 6-130 导入视频素材

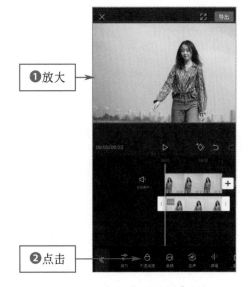

图 6-131 点击"不透明度"按钮

▶步骤05 向右拖曳白色圆圈滑块，将"不透明度"选项的参数调整为6，如图6-132所示。

▶步骤06 点击✓按钮，即可合成两个视频画面，并形成"灵魂出窍"的效果，如图6-133所示。

拖曳

图6-132 设置"不透明度"选项　　　图6-133 合成两个视频画面

第 **7** 章

字幕音频：
做出炫酷又好看的 Vlog

7.1 制作文字效果 ▶

一段语句优美的文字能将观众代入到视频的情境之中，一段动态的文字特效能让人觉得画面具有新鲜感。本节主要介绍制作文字效果的操作方法。

7.1.1 添加文字效果

剪映APP除了能够自动识别和添加字幕外，还可以给Vlog添加合适的文字内容。下面介绍具体的操作方法。

▶ 步骤01 打开剪映APP，在主界面中点击"开始创作"按钮，如图7-1所示。

▶ 步骤02 进入"最近项目"界面，❶选择合适的素材；❷点击"添加"按钮，如图7-2所示。

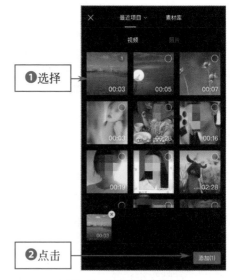

图7-1 点击"开始创作"按钮　　　　图7-2 选择合适的素材

▶ 步骤03 打开素材，点击"文本"按钮，如图7-3所示。

▶ 步骤04 点击"新建文本"按钮，进入文字编辑界面，如图7-4所示。

▶ 步骤05 在文本框中输入符合Vlog主题的文字内容，如图7-5所示。

▶ 步骤06 点击右下角的✔按钮确认，即可添加文字，在预览区域中按住文字素材并拖曳，即可调整文字的位置，如图7-6所示。

图 7-3 点击"文本"按钮

图 7-4 进入文字编辑界面

图 7-5 输入文字

图 7-6 调整文字的位置

7.1.2 使用花字功能

用户在给Vlog添加标题时，可以使用剪映APP的"花字"功能来制作。下面介绍具体的操作方法。

▶ 步骤01　导入一个素材，点击左下角的"文本"按钮，如图7-7所示。

▶ 步骤02　进入相应界面，点击"新建文本"按钮，如图7-8所示。

图 7-7　点击"文本"按钮

图 7-8　点击"新建文本"按钮

▶ 步骤03　在文本框中输入符合Vlog主题的文字内容，如图7-9所示。

▶ 步骤04　❶在预览区域中按住文字素材并拖曳，调整文字的位置；❷在界面下方切换至"花字"选项卡，如图7-10所示。

图 7-9　输入文字

图 7-10　调整文字的位置

▶ 步骤05 在"花字"选项区中选择相应的花字样式，即可快速为文字应用"花字"效果，如图7-11所示。

图7-11 应用"花字"效果

▶ 步骤06 这里选择一个与背景色相似的"花字"样式效果，如图7-12所示。

▶ 步骤07 按住文本框右下角的■按钮并拖曳，即可调整文字的大小，效果如图7-13所示。

图7-12 选择"花字"样式　　　　　　图7-13 调整文字的大小

155

▶步骤08　点击右下角的 ✓ 按钮确认，即可添加"花字"文本，点击"导出"按钮导出视频并预览视频效果，如图7-14所示。

图7-14　预览视频效果

7.1.3　识别音乐歌词

除了识别视频字幕，剪映APP还能够自动识别Vlog中的歌词内容，可以非常方便地为背景音乐添加动态歌词效果。下面介绍具体操作方法。

▶步骤01　从草稿箱打开一个素材，点击"文本"按钮，如图7-15所示。

▶步骤02　进入相应界面，点击"识别歌词"按钮，如图7-16所示。

图7-15　点击"文本"按钮　　　图7-16　点击"识别歌词"按钮

步骤03 执行操作后，弹出"识别歌词"对话框，点击"开始识别"按钮，如图7-17所示。

步骤04 软件开始自动识别Vlog背景音乐中的歌词内容，如图7-18所示。

图7-17　点击"开始识别"按钮　　　　图7-18　开始识别歌词

步骤05 稍等片刻，即可完成歌词识别，并自动生成歌词图层，如图7-19所示。

步骤06 ❶拖曳字幕文件，调整字幕的区间长度，然后选中相应歌词；❷点击"样式"按钮，如图7-20所示。

图7-19　生成歌词图层　　　　图7-20　点击"样式"按钮

▶ 步骤07 切换至"动画"选项卡，为歌词添加一个"卡拉OK"的入场动画效果，如图7-21所示。

▶ 步骤08 用同样的操作方法，为其他歌词添加动画效果，如图7-22所示。

图7-21　设置入场动画效果

图7-22　添加动画效果

▶ 步骤09 点击"导出"按钮导出视频，预览视频效果，如图7-23所示。

图7-23　预览视频效果

7.1.4　制作动画文字

当我们需要在Vlog中加入简单的文字来突出主题时，可以为文字制作动画效果。下面介绍使用剪映APP制作Vlog动画文字效果的操作方法。

步骤01 导入一个素材，点击"文本"按钮，如图7-24所示。

步骤02 进入相应界面，点击"新建文本"按钮，如图7-25所示。

图 7-24 点击"文本"按钮

图 7-25 点击"新建文本"按钮

步骤03 在文本框中输入相应的文字内容，如图7-26所示。

步骤04 切换至"花字"选项卡，在下方的窗口中选择一个合适的花字样式模板，让Vlog的文字主题更加突出，如图7-27所示。

图 7-26 输入文字

图 7-27 选择花字样式

▶ 步骤05 往右滑动到"动画"界面，可以看到"入场动画""出场动画""循环
动画"。❶点击"循环动画"按钮；❷选择"钟摆"动画效果，如图7-28所示。

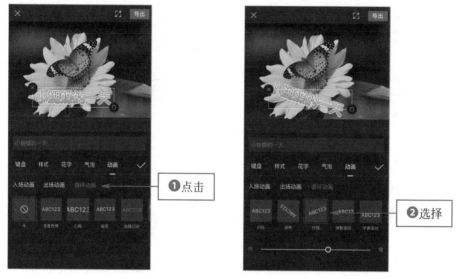

图 7-28 设置循环动画

▶ 步骤06 点击 ✓ 按钮，添加文字动画效果，点击"导出"按钮导出视频，
预览视频效果，如图7-29所示。

图 7-29 预览视频效果

7.1.5 制作彩色字幕

如果我们希望Vlog中的字幕效果颜色更加丰富多彩，可以制作彩色字幕效
果。接下来介绍使用剪映APP制作彩色字幕的具体操作方法。

▶ 步骤01　打开一个素材，点击"文本"按钮，如图7-30所示。

▶ 步骤02　进入相应界面，点击"识别歌词"按钮，如图7-31所示。

图7-30　点击"文本"按钮

图7-31　点击"识别歌词"按钮

▶ 步骤03　执行操作后，弹出"识别歌词"对话框，点击"开始识别"按钮，如图7-32所示。

▶ 步骤04　识别完成后，❶点击选中字幕轨道；❷点击下方工具栏中的"样式"按钮，如图7-33所示。

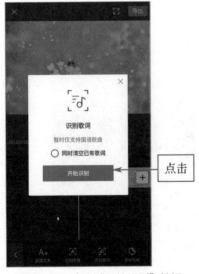

图7-32　点击"开始识别"按钮

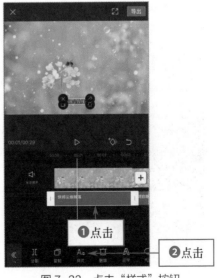

图7-33　点击"样式"按钮

▶ 步骤05 进入"样式"编辑界面后，选择"宋体"字体样式，如图7-34所示。

▶ 步骤06 执行操作后，❶点击下方的"对齐"按钮；❷选择合适的字幕排版形式；❸对"行间距"进行适当调整，如图7-35所示。

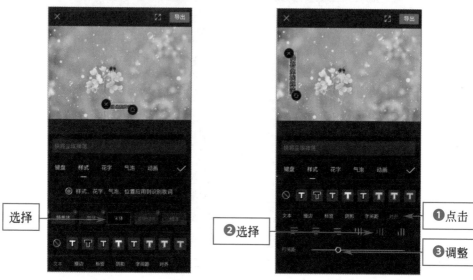

图 7-34 选择"宋体"字体样式　　　图 7-35 选择合适的字幕排版形式

▶ 步骤07 切换至"花字"选项卡，找到并选择相应彩色花字模板，如图7-36所示。

▶ 步骤08 切换至"动画"选项卡，在"入场动画"选项卡中选择"音符弹跳"动画效果，如图7-37所示。

图 7-36 选择彩色花字　　　图 7-37 选择"音符弹跳"动画效果

步骤09 执行操作后，拖曳底部的 ➡ 图标，将动画的持续时长设置为3.0秒，如图7-38所示。

步骤10 点击 ✓ 按钮返回，按照以上操作，依次为其他字幕添加相同的动画效果，如图7-39所示。

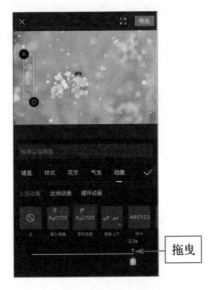

图 7-38　设置动画的持续时长

图 7-39　为其他字幕添加动画效果

步骤11 点击"导出"按钮，即可导出并预览视频效果，如图7-40所示。

图 7-40　预览视频效果

7.2 制作声音特效 ▶

要让Vlog具有灵动性，首先是要有合适的背景音乐为整个视频的故事线做铺垫，这样观众才能被更好地代入到视频中去。本节介绍制作声音特效的方法。

7.2.1 录制声音旁白

如何才能让自己的Vlog更加贴近观众，首先靠的是声音。下面介绍使用剪映APP录制语音旁白的操作方法。

▶ 步骤01　在剪映APP中导入一个素材，点击"关闭原声"按钮，将Vlog的原声设置为静音，如图7-41所示。

▶ 步骤02　点击"音频"按钮进入编辑界面，点击"录音"按钮，如图7-42所示。

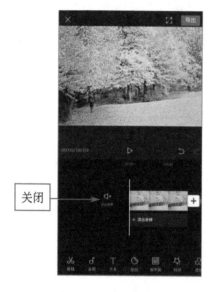

图 7-41　关闭原声

图 7-42　点击"录音"按钮

▶ 步骤03　进入录音界面，按住红色的录音键不放，即可开始录制声音旁白，如图7-43所示。

▶ 步骤04　录制完成后，松开录音键，即可自动生成录音轨道，如图7-44所示。

图7-43 开始录音

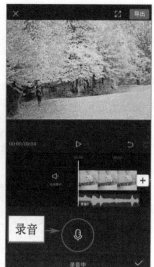

图7-44 完成录音

7.2.2 导入背景音乐

在剪映APP中，我们可以为Vlog添加一些抖音中比较热门的背景音乐，使视频更受观众的喜爱。下面介绍使用剪映APP添加抖音热门歌曲的操作方法。

▶ 步骤01 导入一个素材，点击"音频"按钮，如图7-45所示。

▶ 步骤02 进入音频编辑界面，点击"音乐"按钮，如图7-46所示。

图7-45 点击"音频"按钮

图7-46 点击"音乐"按钮

▶ 步骤03 进入"添加音乐"界面，并在"推荐音乐"选项卡中往下滑动；
❶点击一首歌名，即可进行播放；❷点击右侧的"使用"按钮，如图7-47
所示。

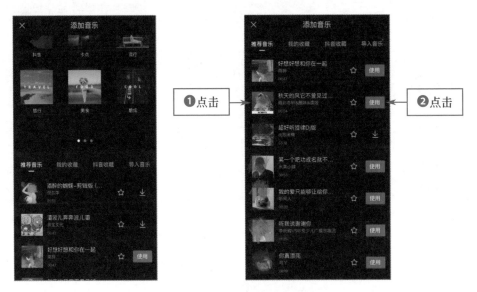

图 7-47 选择抖音热门歌曲

▶ 步骤04 执行操作后，即可添加抖音中比较热门的背景音乐，如图7-48所示。

图 7-48 添加抖音背景音乐

7.2.3　裁剪多余音频

如果添加的背景音乐太长，就需要删除多余的，使音乐与视频同长。下面介绍使用剪映APP裁剪与分割背景音乐素材的操作方法。

▶ 步骤01　以上一例效果为例，向右拖曳音频轨道前的白色拉杆，即可裁剪音频，如图7-49所示。

▶ 步骤02　按住音频轨道向左拖曳至视频的起始位置，完成音频的裁剪操作，如图7-50所示。

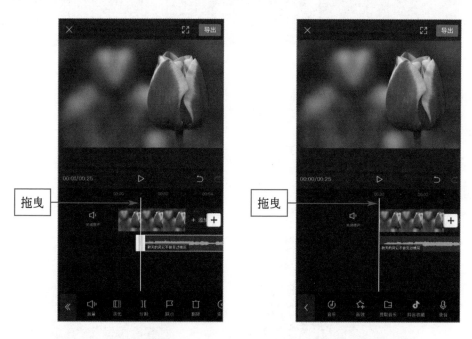

图7-49　裁剪音频素材　　　　　　　图7-50　调整音频位置

▶ 步骤03　❶拖曳时间轴，将其移至Vlog的结尾处；❷选择音频轨道；❸点击"分割"按钮；❹分割音频，如图7-51所示。

▶ 步骤04　选择第2段音频，点击"删除"按钮，删除多余的音频，如图7-52所示。

图 7-51　分割音频　　　　　　　　　图 7-52　删除多余的音频

7.2.4　设置淡入淡出

设置音频淡入淡出效果后，可以让Vlog的背景音乐显得不那么突兀，给观众带来更加舒适的视听感。下面介绍使用剪映APP设置音频淡入淡出的方法。

▶ 步骤01　在剪映APP中打开一个素材，选择相应的音频，如图7-53所示。

▶ 步骤02　进入音频编辑界面，点击底部的"淡化"按钮，如图7-54所示。

图 7-53　选择音频素材　　　　　　　图 7-54　点击"淡化"按钮

步骤 03 进入"淡化"界面，设置相应的淡入时长和淡出时长，如图7-55所示。

步骤 04 点击✓按钮，即可给音频添加淡入淡出效果，如图7-56所示。

图 7-55　设置淡化参数

图 7-56　添加淡入淡出效果

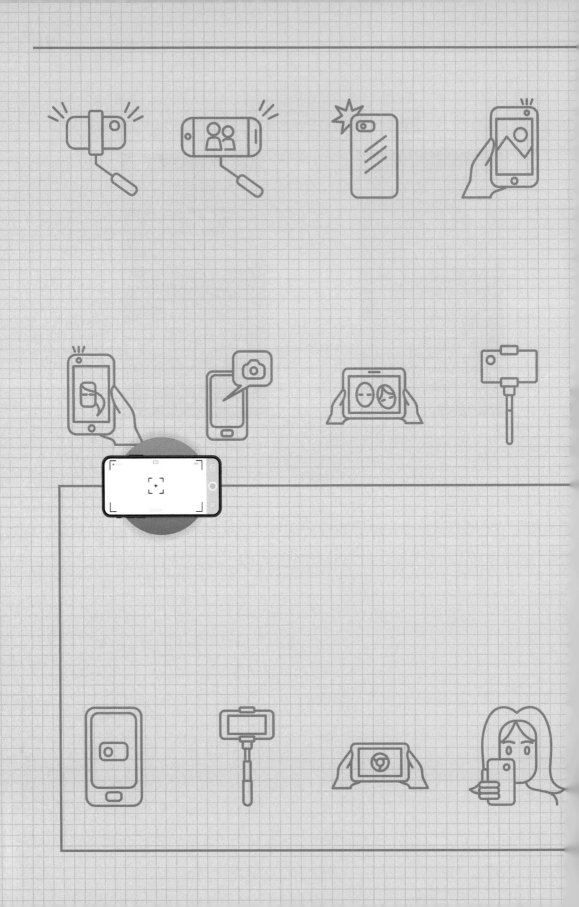

营销篇

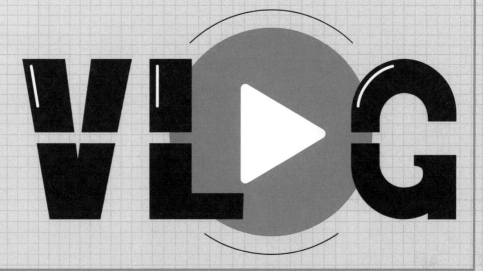

第 **8** 章

引流吸粉：
让 Vlog 流量暴增

8.1 内部引流技巧 ▶

近几年，短视频行业高速发展，前面提到过，绝大多数Vlog属于短视频，有的Vlog运营者会根据各平台的特色将一个Vlog截成多个短视频片段来推广。短视频平台作为Vlog传播的关键要素，能够推动Vlog的发展，帮助优质内容实现推广引流。本节将介绍矩阵引流、互推引流、分享引流以及热搜引流的相关技巧，希望大家能熟练掌握本。

8.1.1 矩阵引流

短视频矩阵是指通过同时做不同类型和定位的账号运营，来打造一个稳定的粉丝流量池。道理很简单，做一个账号也是做，做10个账号也是做，同时做可以为你带来更多的收获。打造短视频矩阵基本都需要团队的支持，至少要配置2名主播、1名拍摄人员、1名后期剪辑人员以及1名推广营销人员，从而保证多账号矩阵的顺利运营。

短视频矩阵可以全方位地展现品牌特点，扩大影响力；还可以形成链式传播来进行内部引流，大幅度提升粉丝数量。

短视频矩阵可以最大限度地降低多账号运营风险，这和投资理财强调的"不把鸡蛋放在同一个篮子里"的道理一样。多个账号一起运营，无论是在做活动还是引流吸粉方面，都可以起到很好的效果。在打造短视频矩阵时，有一些注意事项，具体如下。

① 账号的行为要遵守平台规则。

② 一个账号一个定位，每个账号都有相应的目标人群。

③ 内容不要跨界，小而美的内容是主流形式。

8.1.2 互推引流

互推引流和互粉引流操作方法比较类似，但是渠道不同，互粉主要通过社群来完成，而互推则更多的是直接在短视频平台上与其他用户合作。在账号互推合作时，Vlog运营者还需要注意一些基本原则，这些原则可以作为我们选择合作对象的依据，具体如下。

① 粉丝的调性基本一致。

② 账号定位的重合度比较高。

③ 互推账号的粉丝黏性要高。

不管是个人号还是企业号，都需要掌握一些账号互推的技巧。

个人号互推技巧如下。

① 不建议找那些有大量互推的账号。

② 尽量找高质量、强信任度的个人号。

③ 从不同角度去策划互推内容，多测试。

企业号互推技巧如下。

① 关注合作账号基本数据的变化，如播放量、点赞量、评论转发量等。

② 找与自己内容相关的企业号，以增加用户的精准程度。

③ 要资源平等，彼此信任。

8.1.3 分享引流

运营者可以借助各平台的分享转发功能，将 Vlog 分享至对应平台，从而达到引流的目的。下面以抖音平台为例，介绍 Vlog 分享引流的具体操作方法。

▶ 步骤01　登录抖音 APP，进入需要转发的视频的播放界面，点击➡按钮，如图 8-1 所示。

▶ 步骤02　操作完成后，弹出"分享到"对话框，运营者可以选择转发分享的平台。以转发给微信好友为例。点击对话框中的"微信"按钮，如图 8-2 所示。

图 8-1　点击➡按钮

图 8-2　点击"微信"按钮

步骤03 操作完成后，播放界面将显示视频"下载中"，如图8-3所示。

步骤04 保存Vlog后，点击"视频分享给好友"按钮，如图8-4所示。

图 8-3　显示视频"下载中"　　　　　图 8-4　点击"视频分享给好友"按钮

步骤05 操作完成后，进入微信APP，选择转发的对象，如图8-5所示。

步骤06 进入聊天界面，❶点击⊕按钮；❷选择"照片"选项，如图8-6所示。

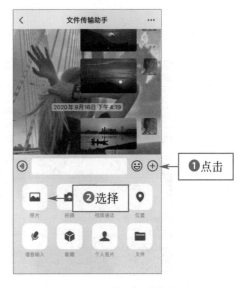

图 8-5　选择需要转发的对象　　　　　图 8-6　选择"照片"选项

▶ 步骤07 进入"最近项目"界面，❶选择需要转发的视频；❷点击"发送"
按钮，如图8-7所示。

▶ 步骤08 操作完成后，微信聊天界面显示已转发的视频，就说明转发成功
了，如图8-8所示。

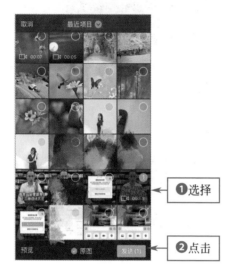

图 8-7　点击"发送"按钮　　　　　　　　图 8-8　显示已转发的视频

抖音短视频转发完成后，微信好友只需点击微信聊天界面的短视频，便可以
在线播放。如图8-9所示，短视频播放时会显示抖音号。

图 8-9　微信中抖音短视频的播放界面

8.1.4 热搜引流

对于Vlog创作者来说，蹭热词已经成了一项重要的技能。用户可以利用抖音热搜寻找当下的热词，并让Vlog高度匹配这些热词，得到更多的曝光。下面总结了3个利用抖音热搜引流的方法。

（1）视频标题文案紧扣热词

如果某个热词的搜索结果只有相关的视频内容，这时视频标题文案的编辑就尤为重要了，用户可以完整地写出这些关键词，提升搜索匹配度的优先级别。

（2）视频话题与热词吻合

以"美食摄影"的热词为例，从搜索结果中可以看到大量相关的视频，如图8-10所示。从搜索结果来看，排在首位的就是有"美食摄影"这个热门话题词的视频，如图8-11所示。

图8-10 "美食摄影"的搜索结果

图8-11 视频话题与热词吻合

（3）视频选用BGM（背景音乐）与热词关联度高

例如，从Friendships这一热搜词返回的搜索结果来看，部分抖音短视频从文案到标签，都没有Friendships的字样。这类Vlog之所以能得到曝光机会，是因为BGM使用了*Friendships*这首歌，如图8-12所示。

因此，运营者制作的Vlog通过使用与热词关联度高的BGM，同样也可以提高曝光率。

图 8-12　视频选用 BGM 与热词关联度高

8.2　外部引流技巧 ▶

本节介绍7种外部引流的方式。比如社交平台上的朋友圈引流、微信公众号引流、QQ引流以及微博引流，还有咨询平台上的今日头条引流、一点资讯引流以及百度百家引流等，希望大家熟练掌握相关技巧。

社交平台作为Vlog传播过程中必不可少的关键要素之一，一直是推动Vlog行业发展和内容推广引流的重要平台。本节围绕如何在社交平台上进行短视频推广进行介绍，以帮助运营者实现维护好友关系与利用短视频引流二者兼得的目标。

8.2.1　朋友圈引流

朋友圈这一平台，对于Vlog运营者来说，它虽然一次传播的范围较小，但是从对接收者的影响程度来说，却具有其他一些平台无法比拟的优势，如图8-13所示。

在朋友圈中进行Vlog推广，有三个方面是需要重点关注的，具体如下。

① 运营者在拍摄视频时要注意画面的美观性。因为推送到朋友圈的视频，不能自主设置封面，显示的就是开始拍摄时的画面。

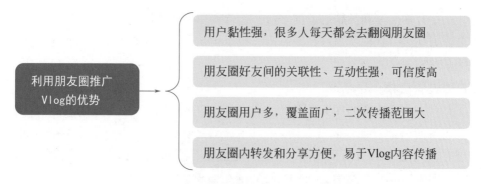

图 8-13 利用朋友圈推广 Vlog 的优势分析

② 运营者在推广Vlog时要做好文字描述。因为一般来说，呈现在朋友圈中的Vlog，好友第一眼看到的就是其"封面"，没有太多信息能让受众了解该视频内容，如图8-14所示。

③ 运营者推广Vlog时要利用好朋友圈评论功能。朋友圈中的文本如果字数太多，是会被折叠起来的，运营者可以将重要信息放在评论里进行完整展示，如图8-15所示。

图 8-14 做好重要信息的文字表述

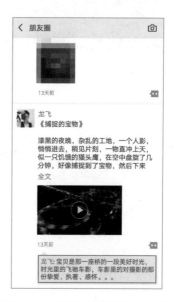

图 8-15 利用好朋友圈的评论功能

8.2.2 微信公众号引流

微信公众号，从某一方面来说，就是个人、企业等主体进行信息发布并通过运营来提升知名度和品牌形象的平台。运营者如果要选择一个用户基数大的平台来推广短视频，且期待通过长期的内容积累构建自己的品牌，那么微信公众平台是一个理想的传播平台。

通过微信公众号来推广Vlog，除了对品牌形象的构建有较大促进作用外，它还有一个非常重要的优势，那就是推广内容的多样性。

在微信公众号上，运营者如果想要进行Vlog的推广，可以采用多种方式来实现。使用最多的有两种，即"标题+短视频"形式和"标题+文本+短视频"形式。图8-16所示为微信公众号推广Vlog的案例。

图8-16　微信公众号推广 Vlog 案例

8.2.3　QQ引流

在QQ平台上，要想进行Vlog内容引流，可通过多种途径来实现，如QQ好友、QQ群和QQ空间等。本小节就以QQ群和QQ空间为例进行具体介绍。

（1）QQ群

在QQ群中，如果没有设置"消息免打扰"的话，群内任何人发布信息，群内其他人都会收到信息。因此，与朋友圈不同，通过QQ群推广Vlog，可以让推广信息直达受众，受众关注和播放的可能性也就更大。

因此，如果运营者推广的是专业类的视频内容，那么可以选择这一类平台。目前，QQ群有许多热门分类，Vlog运营者可以通过查找同类群的方式，加入进去，然后再进行Vlog的推广。在QQ群内进行Vlog推广的方法，如图8-17所示。

图8-17　QQ群推广Vlog的方法

可见，利用QQ群话题来推广Vlog，运营者可以通过相应人群感兴趣的话题来引导QQ群用户的注意力。

（2）QQ空间

QQ空间是Vlog运营者可以充分利用的一个好地方。当然，运营者首先应该建立一个昵称与Vlog账号相同的QQ号，这样更有利于积攒人气，吸引更多人前来关注和观看。下面就为大家介绍4种常见的QQ空间推广方法，如图8-18所示。

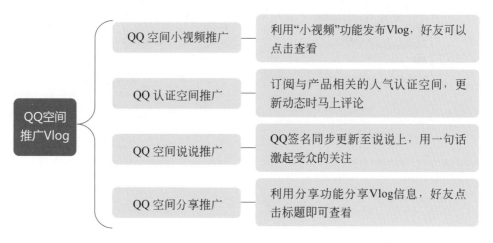

图8-18　4种常见的QQ空间推广方法

8.2.4 微博引流

在微博平台上，除了微博用户基数大外，运营者进行Vlog推广，主要还是依靠两大功能来实现，即"@"功能和热门话题。

首先，在微博推广的过程中，"@"这个功能非常重要。在博文里可以"@"明星、媒体、企业，如果媒体或名人回复了你的内容，就能借助他们的粉丝扩大自身的影响力。若明星在博文下方评论，则会受到很多粉丝及微博用户关注，那么短视频定会被推广出去。

图8-19所示为"美拍"通过"@"某博主来推广Vlog以及吸引用户关注的案例。

图8-19 "美拍"微博的"@"功能应用

其次，微博"热门话题"是一个制造热点信息的地方，也是聚集网民数量最多的地方。运营者要利用好这些话题，推广自己的Vlog，发表自己的看法和感想，提高阅读和浏览量。

图8-20所示为某美食博主的微博，它借助与内容相关的话题#唯有美食不可辜负#天天美食展开Vlog推广。

 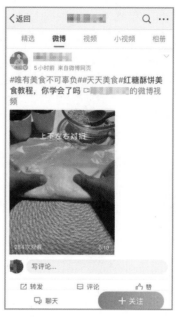

图 8-20 某美食博主的微博借助话题推广

8.2.5 今日头条引流

今日头条是用户最为广泛的新媒体运营平台之一，其运营推广的效果不可忽视。所以，众多运营者都争着注册今日头条来推广和运营自己的各类短视频。

大家都知道，抖音、西瓜视频和火山小视频这3个各有特色的短视频平台共同组成了今日头条的短视频矩阵，汇聚了优质的短视频流量。正是基于这3个平台的发展状况，今日头条这一资讯平台也成了推广Vlog的重要阵地。图8-21所示为今日头条的短视频矩阵介绍。

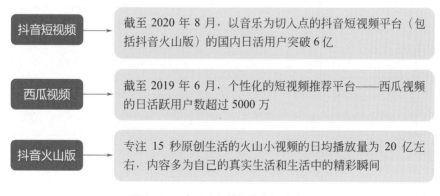

图 8-21 今日头条的短视频矩阵介绍

在有着多个短视频入口的今日头条上推广Vlog，为了提升宣传推广效果，运营者应该基于今日头条的特点掌握一定的技巧。

（1）从热点和关键词上提升推荐量

今日头条的推荐量是由智能推荐引擎机制决定的，一般含有热点的短视频会优先获得推荐，且热点时效性越高，推荐量越高，具有十分鲜明的个性化，而这种个性化推荐决定着短视频的位置和播放量。因此，运营者要寻找平台上的热点和关键词，提高Vlog的推荐量，具体如图8-22所示。

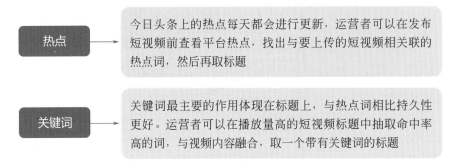

图 8-22　寻找热点和关键词提升 Vlog 推荐量

（2）做有品质的标题高手

上文已经多次提及标题，可见，今日头条的标题是影响短视频推荐量和播放量最重要的一个因素。一个好的标题得到的引流效果是无可限量的。标题除了要抓人眼球外，还要表现出十足的品质感，做一个有品质的取名高手。因此，运营者在依照平台的推广规范进行操作时，还要留心观察播放量高的短视频标题。

（3）严格把关视频内容，更快过审

今日头条的短视频发布由机器和人工两者共同把关。通过智能的引擎机制对内容进行关键词搜索审核，平台编辑进行人工审核，确定短视频值得被推荐才会推荐审核该文章。先是机器把文章推荐给可能感兴趣的用户，如果点击率高，会进一步扩大范围，把短视频推荐给更多相似的用户。

另外，因为短视频内容的初次审核是由机器执行，因此，运营者在用热点或关键词取标题时，尽量不要用语意不明的网络或非常规用语，增加机器理解障碍。

8.2.6　一点资讯引流

相较于今日头条，一点资讯平台虽然没有那么多入口供Vlog运营者进行推广，但是该平台上还是提供了上传和发表Vlog的途径。

进入"一点号"后台首页，❶单击页面上方"发布"右侧的▼按钮，在弹出的下拉菜单中选择"发小视频"选项；进入"小视频"页面，❷单击"视频上传"按钮，如图8-23所示；在弹出的"打开"对话框中选择合适格式的视频上传；上传完成后，即可跳转到视频编辑页面，❸进行相应设置；❹单击"发布"按钮，如图8-24所示，即可发表视频。

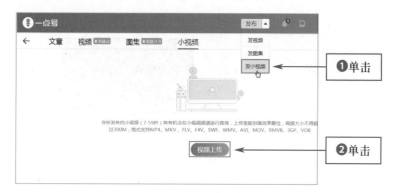

图 8-23　上传视频操作

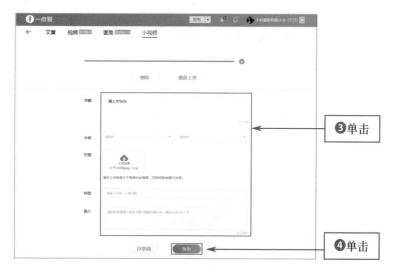

图 8-24　视频编辑页面

运营者发表Vlog并审核通过后，会在一点资讯的"视频"页面中显示出来，从而让更多的人看到。

当然，在发表时，要注意选准时间，最好是6:00～8:30、11:30～14:00和17:30以后。因为一点资讯平台的"视频"页面是按更新时间来展示的，选择这些时间推广，更容易显示在页面上方。

8.2.7　百度百家引流

百度百家作为百度旗下的自媒体平台，运营者只要注册了百家号，就可以在上面通过多种形式进行推广，视频内容就是其中之一。图8-25所示为百家号的"发布视频"页面。

图 8-25　百家号的"发布视频"页面

在利用百家号进行Vlog的推广和引流时，除了一些常规性内容（标题、封面、分类、标签和视频简介等）要注意设置的技巧，运营者还有两个方面需要注意，具体如下。

（1）"定时发布"功能

在百度百家平台上，运营者可以在编辑完内容后，通过单击"定时发布"按钮，在弹出的"定时发文"对话框中设置发布的时间来发布视频。

基于这一功能，运营者可以在空闲时间上传并编辑好视频内容，然后针对目标用户群体属性，选择合适时间实现精准发布。这样可以大大提升视频的曝光度，促进推广。

（2）热门活动

在百家号后台"首页"的公告区域下方，会经常显示各种热门活动，例如奖励丰厚的"百万年薪"和"千寻奖"，短视频创作者完全可以参与进去。如果获奖的话，不仅能增加收益，还能提升知名度，促进Vlog的推广。

第9章

内容营销：
提升 Vlog 完播率的技巧

9.1 哪些Vlog的流量高 ▶

Vlog作为一种更直观、更真实的内容形式，在感染力方面明显比文字更胜一筹。而要想让Vlog发挥出更大的推广效果，就需要在主题上下功夫，打造出受用户欢迎、让用户点赞的爆款内容。本节主要介绍用户最喜欢的五种Vlog类型，正能量视频、高颜值视频、能激起情感共鸣视频、有一技之长视频以及具有实用性视频等。

9.1.1 正能量

那些激励人们奋发向上的正能量，更能激起受众的感动情绪。

例如，勇于救人、善于助人的英雄事迹，对于有着"大侠梦"和心存仁义的受众来说，就是一个激发人感动情绪的事实所在。

图9-1所示为两个关于国家建设发展的抖音短视频案例。作为中国人，看到这样的视频，是不是会感觉特别骄傲和自豪呢？心中油然而生的激动情绪是这类爆款短视频推广效果的缩影。

图9-1　关于国家建设发展的抖音短视频案例

对于用户来说，短视频平台更多的是作为一个打发无聊、闲暇时光的所在，吸引众多人关注。而运营者可以在这样的平台上，多发布一些能激励人心、感动你我的Vlog，让无聊变"有聊"，让闲暇时光充实起来，这也是符合短视频平台内容的正确发展之路。

9.1.2　高颜值

颜值高，有着一定的影响力，有时甚至会起决定作用。

这一现象同样适用于爆款Vlog的打造。当然，这里的颜值并不仅仅是指人，它还包括好看的事物、美景等。

从人的方面来说，除了先天条件外，想要提升颜值，有必要在形象和妆容上下功夫：可以画一个精致的妆容，让自己看起来更有精神，这样能明显提升颜值。

从好看的事物、美景等方面来说，完全可以通过其本身的美再加上高深的摄影技术来实现，如精妙的画面布局、构图和特效等，就可以打造一个高推荐量、播放量的Vlog。图9-2所示为有着高颜值的物品、美景Vlog内容。

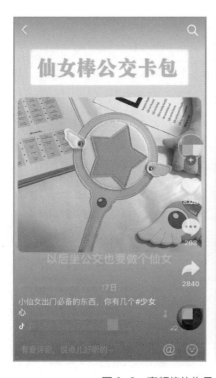

图9-2　高颜值的物品、美景Vlog内容展示

9.1.3　能激起情感共鸣

在日常生活中，人们总是会被能让人产生归属感、安全感以及产生爱与信任的事物所感动。例如，一道能让人想起爸妈的家常菜，一份萦绕在两人中间的温馨的爱，一个习以为常却贴心的举动等。这些都是能让人心生温暖的正面情绪，当然，也最能触动人类心中柔软之处，且是一份能持久影响人内心的感情。

而Vlog作为一种常见的、日益发展起来的内容形式，反映了人们的生活和精神状态。其中，上面描述的一些感人情感和场景都是Vlog中比较常见的，也是打造爆款内容不可缺少的元素。

图9-3中的两个视频是阐述"同情"和"亲情"的主题。第一个视频讲述的是一个年迈的老人，佝偻着背在外面卖菜，也是为了不给孩子增加负担。第二个视频是一个坐在地上吃着包子的工人，为了赚钱寄给父母补贴家用，就连过年也回不去。其实，这两个视频放在一起更像是一对"母子"，都是为了彼此而努力生活着的社会缩影。视频的另一主角作为一名帮助者出现，传播温暖和爱。

图9-3　能让人心生温暖和产生爱的 Vlog 案例

9.1.4　有一技之长

对于运营者来说，如果你拍摄的Vlog是专注于某一类事物，且展现的内容体现了主人公和其他人（物）非凡的技艺，那么这一类Vlog也非常吸引人，如图9-4所示。

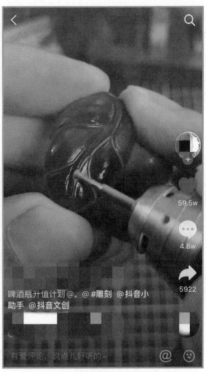

图9-4　拥有一技之长的Vlog案例

上图中的两个短视频案例，都是展现主人公超凡的雕刻手法——前者是利用木头雕刻有着复杂结构的人物，后者是把一个啤酒瓶的玻璃片雕刻成精致的翡翠叶子。当然，这类爆款Vlog并不是所有人都能拍摄出来的，只适合在某一领域有优势和特长的运营者。

9.1.5　具有实用性

区别于上面4种纯粹为了欣赏和观看的爆款内容，此处要介绍的是可以为用户提供有价值的知识和技巧的Vlog。

无论行业如何发展，在笔者看来，对用户来说具有必要性的干货类Vlog是不会消失的，反而可能越来越受重视，且极有可能是结构化的内容输出，慢慢把账号打造成大的短视频IP。

其实，相对于纯粹用于欣赏的Vlog而言，干货类有着更宽广的传播渠道。一般来说，凡是欣赏类的Vlog可以推广和传播的途径，干货类也可以在这些途径中进行推广和传播，但是有些干货类Vlog可以推广和传播的途径，却不适用于欣赏类。例如，专门用于解决问题的问答平台，一般就只适用于发表和上传有价值的干货类Vlog，欣赏类没有太多发展的余地。

一般来说，干货类Vlog包括两种，即知识性和实用性。

所谓"知识性"，就是Vlog主要是介绍一些有价值的知识。例如，关于汽车驾驶、销售技巧等，这对于想要详细了解这方面知识的用户来说是非常有用的。图9-5所示为专门介绍和讲解汽车驾驶技巧的案例。

图9-5　专门介绍和讲解汽车驾驶技巧的案例

所谓"实用性"，着重在"用"，也就是说用户看了Vlog后可以把它们用在实际的生活和工作中。一般来说，实用性的Vlog是介绍一些技巧类的实用功能的。如果是一段介绍如何销售的个人Vlog，视频中告诉大家一些销售的小技巧和方法以及为什么要这么做，如图9-6所示。

图 9-6 介绍销售技巧的干货类 Vlog 案例

9.2 让 Vlog 传播更快的技巧 ▶

在制作 Vlog 时，除了主题要有特色外，还应该注意从一些细节和大家喜欢的内容形式出发打造爆款内容，进而推动短视频在平台的传播。本节从 4 个方面出发，介绍促进 Vlog 内容推广的技巧。

9.2.1 贴近真实生活

运营者和用户都是处于一定社会环境下的人，都会对生活有着莫名的亲近和深刻的感悟。因此，在制作短视频时，首先要注意贴近生活，这有利于帮助人们解决平时遇到的一些问题，或者让人们了解生活中的一些常识。用户看到这一类 Vlog，都会基于生活的需要而忍不住点击播放。

9.2.2 第一人称叙述

短视频内容虽然相较于软文、语音来说更具真实感，但如果利用能亲身实践、亲眼所见和亲耳所听的"第一人称"来进行叙述和说明，就更能增加真实感，也更能引导用户去关注。特别是在通过Vlog来推广企业产品和品牌方面，会更有说服力。

在Vlog中使用"第一人称"叙述，其目的就是打造一个有着鲜明个性化特征的角色，让视频更具有现场感。关于Vlog中的"第一人称"表达方式，具体分析如图9-7所示。

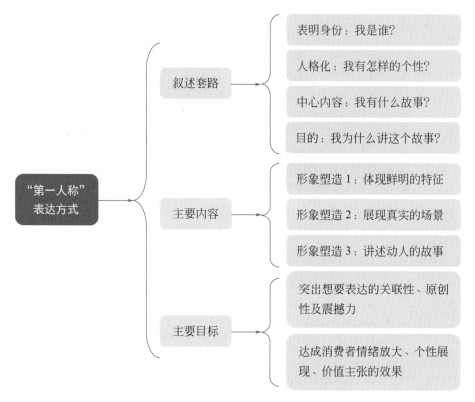

图 9-7　Vlog 中"第一人称"表达方式分析

可见，运营者使用"第一人称"的表达方式来打造Vlog不仅有利于构建人格化形象，还可以通过真人出演来提升信服感，特别是在有流量的明星、达人参与的情况下，其关注度会更高，传播效果也会更好。因此，可以多多使用这一方法来推广Vlog。

9.2.3　关注热门内容

人们在观看Vlog时，一般手指滑动的速度会比较快，在每一个视频页面上决定是否观看的时间很短。因此，要做的就是一瞬间让用户决定留下来观看。而要做到这一点，借助热门内容的流量并激发用户共鸣就显得尤为重要。那么，运营者应该如何做呢？

在笔者看来，应该从两个方面着手。一是寻找用户关注的热门内容，这也是运营者推广和传播Vlog时必要的方法和策略。二是利用短视频APP上的一些能快速、有效获取流量的活动或话题，参与其中进行推广，这样也能增加Vlog的曝光度和展示量。

关于推广Vlog的热点寻找，可以利用的平台和渠道还是很多的，且各个平台又可通过不同渠道来寻找。例如，在抖音平台上，就可以通过以下4个渠道洞察用户喜欢的热点内容，如图9-8所示。

洞察抖音用户喜欢的热点内容的渠道分析

通过抖音热搜榜，运营者可以知道实时的热门内容数据，包括最热的内容是什么，最火的视频是哪些，用得最多的音乐是什么等，从而找到能激发用户共鸣的热门内容

通过抖音"发现"页面展示的热门话题，运营者可深入了解用户喜欢关注的热门内容，从而把自身品牌与之关联起来

通过"头条易"公众号上的抖音 KOL（Key Opinion leader，关键意见领袖）实力排行榜单，运营者可准确获悉受欢迎的KOL 所属的领域和类型，以及他们创作的被广泛传播的内容，从而找准热门内容方向

通过人们熟悉的节日热点以及抖音平台上相关的挑战赛，运营者不仅可以参与，同时还可基于固定的日期提前准备和策划，从而打造吸睛的挑战赛内容，实现蹭流量和热点的目标

图9-8 洞察抖音用户喜欢的热点内容的渠道分析

当然，在寻找热门内容之前，运营者应该有一个大体的方向，也就是要有一个衡量标准——哪些内容更有可能让用户喜欢关注和乐于传播，这样才能让Vlog内容在激发用户共鸣方面产生作用。那么，运营者怎样在内容方面把握好方向呢？

其实，用户感兴趣的内容有很多，且不同用户的兴趣点和情绪点也不同，因而可选择的方向还是很多的。但是，要想安全无虞、快速地实现运营推广目标，在笔者看来，最好选择以下4类热门内容最合适，如图9-9所示。

应该让视频内容展示出平等的对话语境，更能获得用户的认可，而非一本正经地进行说教

Vlog 要易于模仿，这样才能让用户跟风拍摄，提升 Vlog 影响力和扩大传播范围

Vlog 要有趣味性，让人心生愉悦或惊奇感，特别是一些有着让人爆笑的反转剧情的内容

Vlog 背景音乐要具有感染力和魔性，能让人忍不住跟风拍摄，这样才有扩散的可能，才能趁热曝光

选择热门内容要把握大体的方向

图 9-9　选择热门内容要把握大体的方向

9.2.4　讲述共鸣故事

在打造优质的Vlog时，要尽量向用户传达重点的信息，这里的重点不是营销人员认为的重点，而是用户的需求重点。例如，对于企业来说，用户想要了解的信息如图9-10所示。

用户想要了解的信息

企业文化精神：思想建设、团队风气、组织纪律等

企业相关视频：原料采集、生产过程、会议记录等

产品具体功能：满足需求、命中痛点、实际用途等

产品客观评价：客户反馈、主观介绍、不同角度等

产品的差异性：特色亮点、显著差异、出众之处等

图 9-10　用户想要了解的信息

在Vlog中传递这些信息时，为了避免让用户产生抵抗和厌烦心理，可以采取讲故事的形式进行展示。不同于单调死板的介绍，讲故事的方式能够很好地吸引用户的注意力，让他们产生情感共鸣，更加愿意接收Vlog中的信息。而且，故事与企业、产品、用户都密切相关，更容易打造。

所以，企业想要打造出受人欢迎和追捧的短视频，就应该从各个角度考虑、分析如何更好地用讲故事的方式来表达，如图9-11所示。

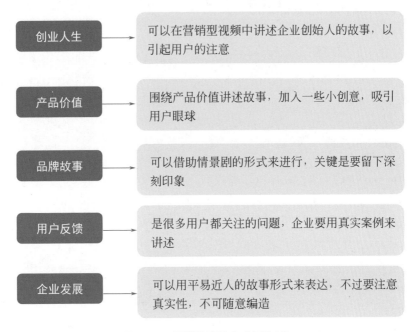

图 9-11　用讲故事的方式打造 Vlog

以"肯德基"品牌会员日为例，它进行 Vlog 推广时就是通过讲故事的方式表达的，其中不仅带入了品牌的理念，还宣传了正能量，二者合二为一，相得益彰，如图9-12所示。

图 9-12　"肯德基"品牌会员日用讲故事的方式推广品牌

9.3 Vlog营销的3个技巧 ▶

成功的Vlog营销，不仅要有优质的内容和高人气的推广平台，还需要有高效率的营销策略。本节从AISWS模式、高效营销以及整合营销3个角度来分析如何进行有效的营销。

9.3.1 AISWS模式

利用Vlog进行营销与运营，需要了解一个经典高效的运营模式，即"AISWS"模式。这种模式一共分为五个步骤，即注意、关注、搜索、观看、分享，如图9-13所示。

Attention: 注意	吸引用户的目光，举办新闻发布会，利用媒体宣传视频
Interest: 关注	通过"炒作"的方式来引起关注，如制造热点话题、紧跟社会趋势、关注新奇事件
Search: 搜索	达到让用户主动在互联网上对视频内容链接进行搜索的效果
Watch: 观看	促进用户观看的方法包括与影响力大的平台合作、设置专题页面以及采用置顶方式等
Share: 分享	分享可以让 Vlog 呈"病毒"式传播，使得营销效果达到理想化

图9-13 AISWI 运营模式的五个步骤

9.3.2 高效的营销

如何通过Vlog实现高效营销呢？其实只要进行针对性的推广，再结合受众的特点进行营销就行了。下面为大家进行详细分析。

（1）视频类别——不同类型分别推广

Vlog 的类别对于视频的推广而言是一个相当重要的影响因素，如果想要使得推广方式的效果达到最佳，就应该根据用户的喜好使用不同的视频类别进行营销。举几个类别的例子供参考，如图9-14所示。

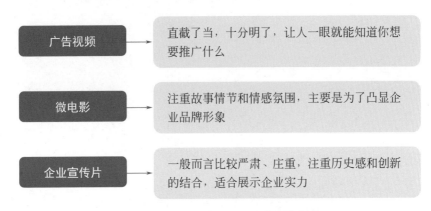

图 9-14　不同视频类别适合宣传的类型

（2）关注人群——根据共性有效宣传

在进行视频推广的时候，应该考虑不同的人喜欢浏览什么类型的网站。那么，究竟该怎么做呢？笔者将其流程进行总结，如图9-15所示。

图 9-15　根据目标受众的特征进行视频推广

（3）推广目标——明确目的选择平台

企业推广目标一般以打响品牌和提升品牌理解度为主，这两个推广目标应该怎么选择平台呢？笔者将方法进行了总结，如图9-16所示。

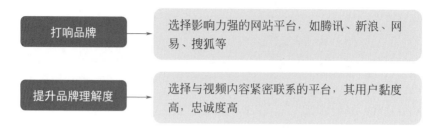

打响品牌	→	选择影响力强的网站平台，如腾讯、新浪、网易、搜狐等
提升品牌理解度	→	选择与视频内容紧密联系的平台，其用户黏度高，忠诚度高

图9-16　不同推广目标选择不同的平台

（4）平台价值——高端品质赢得保障

平台价值的高低是以平台本身的质量好坏为基础的，一般来说，只要平台的质量有保障，这个平台也就具有了投放的价值和资格。随着时代的进步和技术的发展，现在很多具有强大公信力的视频网站都已经掌握了针对推广、高效营销的技术，具体方法流程如图9-17所示。

此外，还有一种简单明了的"四问法"，也就是提四个问题，比如"谁会来看""在哪里看""要看什么""会看几次"，弄清楚这几个问题，就能够进行Vlog的精准投放了。

以微信为例，它会根据用户的基本信息进行定位、分析，然后在朋友圈投放相关的视频广告。这种技术有效地利用了上面提到的"四问法"，同时还进行了创新。图9-18所示为"唯一视觉"投放在微信朋友圈的Vlog广告。

图9-17　进行针对性的高效营销的流程　　图9-18　投放在微信朋友圈的Vlog短视频广告

9.3.3　整合的营销

在利用Vlog进行营销的过程中，推广是很重要的组成部分，但对营销效果的监测也不可忽视。下面笔者详细分析Vlog营销效果的因素。

（1）Vlog播放量——大致判断营销效果

一般而言，在视频网站上观看视频都会显示一个播放多少次的具体数字，也就是固定周期内视频文件的播放次数，视频播放量的大小决定了视频影响力程度的高低，同时也就间接影响了视频营销效果的好坏。此外，还有不少影响视频播放量的因素，比如内容质量、投放时间、传播平台、播放频次等。

（2）用户观看反应——准确衡量营销质量

用户在观看视频时或看完后的反应，同样也是衡量视频营销效果的重要凭证，具体形式包括如图9-19所示的几种。

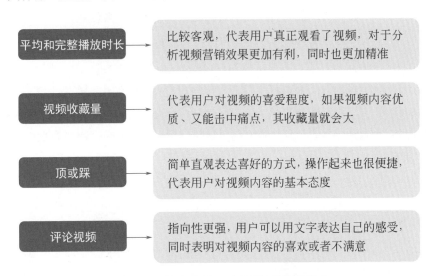

图9-19　用户对Vlog产生反应的具体形式

在分析视频评论时，需要关注两个重要因素，一是视频评论的数量，二是视频评论内容的指向，究竟是好评多，还是差评多。这两者都是衡量视频效果的重要指标，制作Vlog时就要以此为标准。

（3）行动影响程度——后续测量营销结果

行动影响程度是指用户在观看视频后衍生出的一系列与视频相关的行为，这些行动影响程度到底包括了哪些行为呢？笔者将其进行总结，如图9-20所示。

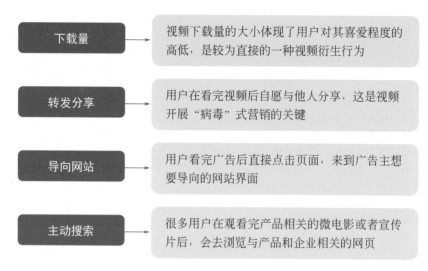

图 9-20　行动影响程度包括的行为

　　值得注意的是，用户在看完视频后进行搜索的这种行为也受到一些要素的感染，比如品牌的影响力度加大、视频的内容足够优秀以及视频富有创意等。

　　（4）视频拓展效果——深度权衡营销成果

　　对于视频效果而言，既包括在观看过程中产生的效果，也包括观看完视频产生的拓展效果。这种拓展效果虽然不那么明显，但它对企业的品牌、口碑树立的作用是无可替代的，主要包括品牌的认知度、品牌的好感度、购买意向以及品牌的联想度等。

第 **10** 章

视频分享：
Vlog 媒体平台的发布技巧

10.1 在视频号上发布Vlog

视频号是平行于公众号和个人微信号的一个内容平台，也可以说是一个可以记录和创作视频的平台。在视频号上，用户可以发布1分钟以内的视频，和平台上其他的用户分享自己的生活。在刷视频号时，滑到页面焦点，视频会自动播放。本节主要介绍视频号的相关发布技巧。

10.1.1 知道平台的规则

每个平台都有它的规则，微信视频号也是如此。因此，在微信视频号中发布Vlog，需要了解该平台的规则。一些与规则相关的事项也一定要特别注意，不要违规运营。对于运营视频号的Vlog博主来说，做原创才是最长久、最靠谱的一件事情。在互联网上，要想借助平台成功实现变现，一定要做到两点：遵守平台规则和迎合用户的喜好。下面重点介绍视频号的一些发布规则。

① 不要做低级搬运。例如，不能直接在视频号中发布带有其他平台LOGO水印的作品，这样会直接进行封号处理，或者不给流量。

② 重视Vlog作品的质量。视频的画质必须清晰，而且不能有广告。

③ 提高账号的权重。在视频号的平台上，多看看别人发布的作品，多给别人点赞，这样平台就会认为你是一个正常用户的视频号，不是营销类的广告号。那种上来就直接发营销广告类视频的视频号，系统可能会判断你的账号是一个营销广告号或者小号，会审核屏蔽等。

10.1.2 使用本地化运营

视频号的本地化运营非常重要，一般来说，在视频号发布短视频后，会先推给附近的人看，然后根据标签进行推荐。这是一个本地化的人口红利，建议大家多发布本地化的内容，这样更利于后期的商业变现。

另外，很多人所在的城市有上千万人口，按理说视频号用户应该也在百万以上，但为什么你发的视频播放量却只有几百呢？其实，这是每个视频号运营者都需要面对的一个坎。在这种情况下，建议大家用一些技术推广一下视频。

视频号是基于微信官方推荐的，每个视频号都可以拥有一个或几个标签，如做美食类的账号就有"美食吃货"的标签，其发布的内容就会推荐给对该标签感兴趣的用户。另外，视频号会根据你在视频里面说了什么，或者根据视频内容的标签进行匹配，所以大家在Vlog的标题上也要多花一点功夫。

如果你是一位美食类的Vlog博主，那么你可以在视频号的标题当中强调"美食"这样的关键词，如图17-1所示，从而匹配到更多的精准用户，吸引更多的流量。

图 10-1　强调"美食"这样的关键词

10.1.3　选择合适的时间

在视频号上发布Vlog时，频率是一周至少2～3条，然后进行精细化运营，保持活跃度，让每一条Vlog都尽可能上热门。

同样的Vlog作品在不同的时间段发布，效果肯定是不一样的，因为流量高峰期人多，那么你的Vlog作品就有可能被更多的人看到。如果你一次性制作了好几个Vlog，千万不要同时发布，至少要间隔1小时。

另外，发布时间还需要结合自己的目标客户群体的时间，因为职业的不同、工作性质的不同，发布的时间节点也都有所差别。因此，运营者要结合内容属性和目标人群，去选择一个最佳的时间点发布内容。据统计，饭前和睡前视频号用户最多，有62%的用户会在这段时间看视频号；10.9%的用户会在碎片化时间看视频号，如上卫生间或者上班路上。所以，大家最好将发布时间控制在以下3个时间段，如图10-2所示。

图 10-2　视频号发布时间的建议

10.1.4　发布 Vlog 的流程

我们运用后期软件制作好视频，接下来需要在视频号上发布Vlog作品。下面介绍发布Vlog作品的具体操作步骤。

▶ 步骤 01　进入微信的"发现"界面，选择"视频号"选项，如图10-3所示。

▶ 步骤 02　进入"视频号"→"热门"界面，点击右上角的"账户"按钮 ，如图10-4所示。

图 10-3　选择"视频号"选项

图 10-4　点击"账户"按钮

▶ 步骤 03　进入个人账号界面，点击"发表新动态"按钮，如图10-5所示。

▶ 步骤 04　弹出列表框，选择"从最近项目选择"选项，打开手机相册素材库，选择需要发布的Vlog作品，如图10-6所示。

图 10-5　点击"发表新动态"按钮

图 10-6　选择视频素材

▶ 步骤05　进入视频编辑界面，点击"完成"按钮，如图 10-7 所示。

▶ 步骤06　进入发表界面，点击视频缩略图上的"选择封面"按钮，如图 10-8
所示。

图 10-7　点击"完成"按钮

图 10-8　点击"选择封面"按钮

步骤07 进入相应界面，在其中重新选择一个视频封面，如图10-9所示。

步骤08 点击"完成"按钮，即可更改封面照片，❶填写其他相关信息；❷点击"发表"按钮，如图10-10所示。

图 10-9　选择 Vlog 的封面　　　　图 10-10　点击"发表"按钮

步骤09 执行操作后，即可在视频号上发布Vlog作品，如图10-11所示。

图 10-11　在视频号上发布 Vlog 作品

10.2 在抖音上发布Vlog

抖音是2016年9月上线的一款音乐创意短视频社交软件，是一个专注年轻人的音乐短视频社区。本节主要介绍抖音平台的一些发布技巧。

10.2.1 蹭节日热度赚流量

各种节日向来都是营销的旺季，用户在制作Vlog时，也可以借助节日热点来进行内容的创新，提升曝光量，如图10-12所示。

图 10-12 蹭节日热度的 Vlog 案例

在抖音平台上有很多与节日相关的道具，而且这些道具是实时更新的，用户在制作Vlog的时候不妨试试，如图10-13所示。

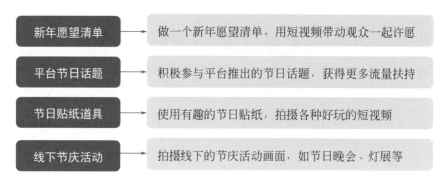

图 10-13　在 Vlog 作品中蹭节日热度的相关技巧

10.2.2　不要随便删除发布的内容

很多Vlog作品都是在发布一周甚至一个月以后，才突然开始火爆起来的。所以，笔者重点强调一个核心词，叫"时间性"。千万不要删除你之前发布的视频，尤其是账号还处在稳定成长的时候，删除作品对账号有很大的影响，如图10-14所示。

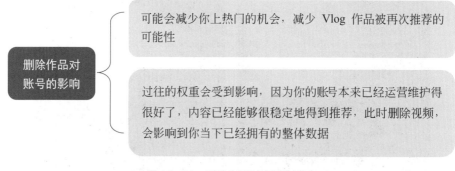

图 10-14　删除作品对账号的影响

10.2.3　发布Vlog作品的流程

下面介绍在抖音平台发布Vlog作品的具体操作步骤。

▶ 步骤01　打开"抖音短视频"APP，点击下方的"加号"按钮，如图10-15所示。

▶ 步骤02　进入拍摄界面，点击右下角的"相册"按钮，如图10-16所示。

图 10-15　点击"加号"按钮

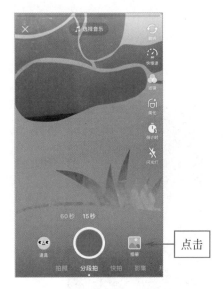

图 10-16　点击"相册"按钮

▶ 步骤03　进入"所有照片"界面，❶选择需要上传到抖音的 Vlog；❷点击
　　"下一步"按钮，如图 10-17 所示。

▶ 步骤04　进入下个界面，预览视频效果，点击"下一步"按钮，如图 10-18
　　所示。

图 10-17　点击"下一步"按钮

图 10-18　点击"下一步"按钮

▶ 步骤05 进入编辑界面，在其中可以对Vlog进行相关操作，如添加滤镜、特效、文字、贴纸等，点击"下一步"按钮，如图10-19所示。

▶ 步骤06 进入"发布"界面，❶在上方输入相应文本内容，❷点击"#话题"按钮，如图10-20所示。

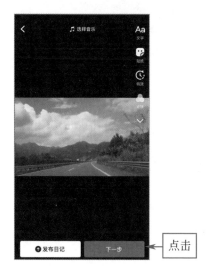

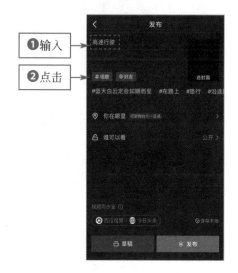

图 10-19 点击"下一步"按钮　　　　图 10-20 点击"#话题"按钮

▶ 步骤07 添加一个"#在路上"话题，如图10-21所示。

▶ 步骤08 用以上同样的方法，继续添加"#旅行"等话题，如图10-22所示。

图 10-21 添加"#在路上"话题　　　　图 10-22 继续添加其他话题

▶ 步骤09 确认无误后，点击"发布"按钮，即可发布Vlog作品，如图10-23所示。

▶ 步骤10 在抖音"朋友"界面，能看到自己发布的Vlog作品，如图10-24所示。

图10-23 发布Vlog作品

图10-24 查看发布的作品

10.3 在B站上发布Vlog ▶

B站又称为哔哩哔哩（Bilibili），被业内人士认为是最有可能突破国内视频圈的一个平台。随着2020年5月4日《后浪》宣传片引发热议，越来越多的企业号和个人营销号开始重新认识B站，并入驻B站。本节主要介绍在B站发布Vlog作品的方法。

10.3.1 熟知平台的热点信息

如果我们希望在平台上发布的Vlog具有高流量，那么首先必须了解平台中其他Vlog的热点信息。

例如，2020年的青年节前夕，B站策划了一个叫《后浪》的演讲视频，国家一级演员登台演讲，赞美和鼓励年轻一代。在新媒体业内人士看来，该短视频被认为是B站发起"破圈"之战的前奏，2000多万的播放量只是潜在的流量，B站因此被看成是继抖音、快手之后又一个将崛起的短视频平台，如图10-25所示。

图 10-25 《后浪》的演讲视频

B站最有名的是鬼畜视频，这些鬼畜视频常常成为互联网热门话题。譬如，有一段"诸葛亮VS王司徒互喷鬼畜版"的视频，在B站就很火，如图10-26所示，播放量达359.6万次。互联网文化最大的特点是覆盖面广和容易遗忘，一个短视频或者无意中说出来的"金句"，很容易大火，形成一个覆盖面极广的热点。

图 10-26 "诸葛亮 VS 王司徒互喷鬼畜版"的视频

10.3.2　在哔哩哔哩发布短视频的流程

当我们对 B 站有了一定的了解之后，向大家介绍在 B 站上发布 Vlog 作品的方法，具体操作步骤如下。

▶ 步骤 01　打开"哔哩哔哩"APP，❶进入"我的"界面；❷点击"发布"按钮🔼，如图 10-27 所示。

图 10-27　点击"发布"按钮

▶ 步骤 02　弹出相应功能面板，点击"上传"按钮▶，如图 10-28 所示。

图 10-28　点击"上传"按钮

▶ 步骤03 打开"视频"素材库，❶选择需要上传的Vlog；❷点击右上角的"下一步"按钮，如图10-29所示。

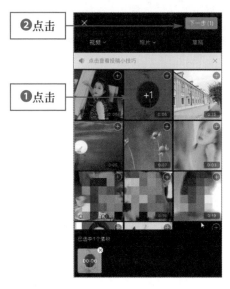

图10-29 点击"下一步"按钮

▶ 步骤04 进入下一个界面，在其中可以对视频进行剪辑操作，还可以为视频添加音乐、文字、贴纸以及滤镜效果等，编辑完成后，点击右上角的"下一步"按钮，如图10-30所示。

图10-30 点击"下一步"按钮

步骤05　执行操作后，跳转至视频发布界面，在该界面填写视频的相关信息，点击右上角的"发布"按钮，即可发布，如图 10-31 所示。但是需要注意遵守条约，如图 10-32 所示。

图 10-31　点击"发布"按

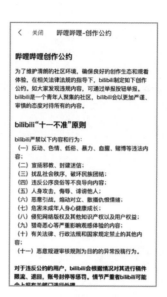

图 10-32　《哔哩哔哩创作公约》

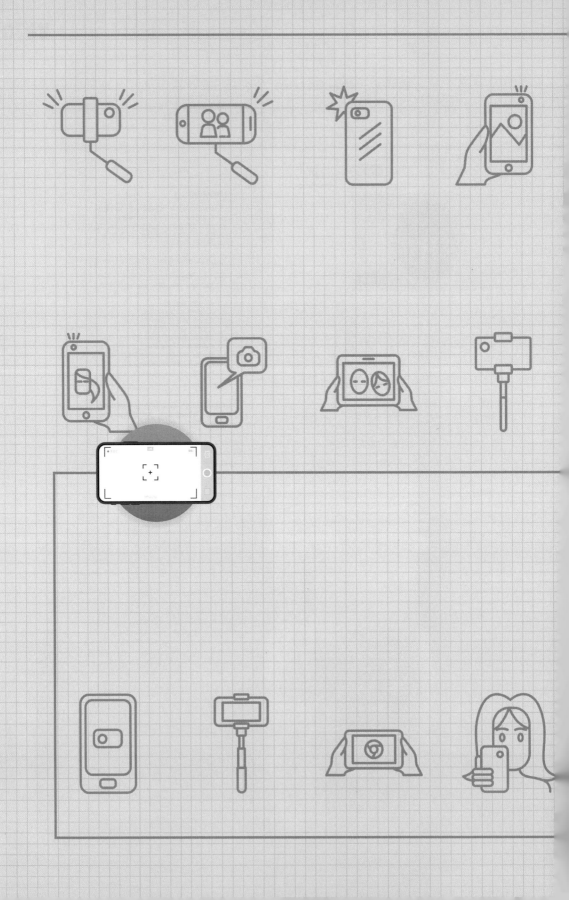

运营篇

VLOG

第 11 章

平台变现：
做一个赚钱的 Vlog 博主

11.1 广告分成是大势所趋 ▶

了解平台的具体分成收益，对于Vlog创作者和团队而言是至关重要的，一是因为不同的平台在不同的时间段对于Vlog的扶持力度是不同的，会随着时间的变化而变化，把握趋势很重要；二是了解不同的渠道有助于创作者和团队提升变现的效率，而广告分成就是一个很好的渠道。

本节将从资讯类的客户端角度出发，以今日头条、大鱼号、企鹅媒体等开放平台为案例，详细介绍它们的收益来源。

11.1.1 今日头条有6种方式盈利

今日头条是一款基于用户数据行为的推荐引擎产品，同时也是内容发布和变现的一个大好平台，它可以为用户提供较为精准的信息内容，集结了海量的资讯，不仅包括狭义的新闻，还涵盖了音乐、电影、游戏、购物等，既有图文，也有视频。

作为资深的自媒体渠道，今日头条的收益来源是比较典型的，同时形式也比较多。图11-1所示为今日头条的收益分析页面。

图 11-1 头条号的收益分析页面

总的来说，今日头条的收益方式主要有6种，具体内容如图11-2所示。

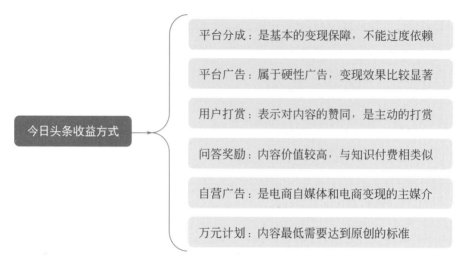

图 11-2　今日头条的收益方式

11.1.2　大鱼号有3种渠道赚收益

作为近来比较火热的在线视频渠道，大鱼号的显著优势主要体现在打通了优酷、土豆以及UC三大平台的后台，同时在登录页面也有优酷和土豆的品牌标识，如图11-3所示。

图 11-3　大鱼号的登录首页

大鱼号的收益方式主要分为三种，一是广告分成，二是流量分成，三是大鱼奖金升级。

首先来看广告收益，如果用户想要获取广告分成，满足几项条件中的一项即可，具体如图11-4所示。

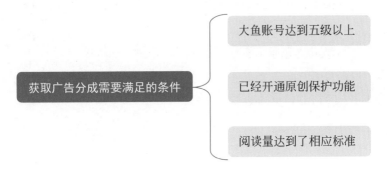

图 11-4 获取广告分成需要满足的条件

其次是流量分成，获取流量分成的要求比较简单，只要大鱼账号达到5星即可。最后是大鱼奖金升级，报名争取奖金的门槛不低，而且需要满足较多条件，有些条件是必须满足的，有些则是满足其中一项即可，具体如图11-5所示。

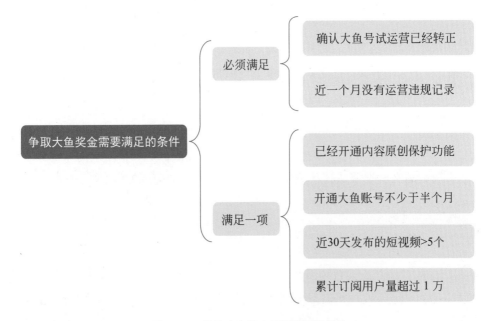

图 11-5 争取大鱼奖金需要满足的条件

11.1.3 企鹅媒体平台的流量分成

企鹅媒体平台于2016年3月1日正式推出，它提供的功能包括打开全网的流量，提供内容生产和变现平台，打通用户之间的连接。媒体或者新媒体在企鹅媒体平台上发布的内容可以通过多种渠道进行推广，比如天天快报、腾讯新闻、手机QQ浏览器、微信新闻插件等。

那么，是不是只要开通了企鹅号就能够获取视频收益呢？实际上，想要获得企鹅媒体平台的收益，还需要满足一些条件，这些条件是申请平台流量分成的前提，也是视频账号内容优质的保障，具体如图11-6所示。

图 11-6　获取企鹅媒体平台收益需要满足的条件

11.2　平台粉丝积累很重要 ▶

随着移动互联网和移动设备的不断发展，移动端的短视频也愈发火热，各种短视频APP层出不穷，如美拍、快手、抖音等。那么，这些移动端的短视频平台是怎么盈利的呢？本节从移动短视频中选出几个较为典型的平台来分析收益，以供参考。

11.2.1 美拍，粉丝打赏助力

美拍的主要收益来自粉丝打赏，从而获得丰厚的收益。值得注意的是，美拍可以通过内容创作融入广告。图11-7所示为美拍平台上关于力士沐浴露的短视频，在左下角放置商品的购买链接，用户只要感兴趣，点进去就可以进行购买。

图 11-7　美拍的商品链接

11.2.2　快手，粉丝赠送礼物

快手是一款比较接地气的 APP，它的收益方式主要是以电商带货为主。对于主播而言，只要有足够的粉丝支持，内容质量高，就能够获取较为客观的收益。图 11-8 所示为快手的直播界面，送礼物就是收益的体现。

图 11-9 所示为快币的充值页面，如果粉丝想要给自己喜欢的主播送礼物，就需要充值快币。

图 11-8　快手的直播界面　　　　　　　　图 11-9　快币的充值页面

11.2.3　抖音，粉丝赞助直播

抖音是当下备受年轻群体喜爱的音乐短视频APP，它的收益主要来源于直播时粉丝打赏。同时此平台还常常与品牌主发起相关话题挑战，吸引用户参与，以便推广品牌。这种话题挑战实际上是需要品牌商、平台方、达人以及用户等合作的，平台方和品牌商发起话题挑战，利用达人和活动运营炒热话题，从而吸引广大用户参与挑战。

11.3　视频收益来自平台分成

在线视频其实也是一个比较热门的渠道，自从在线视频走入人们的视野，就备受大众的喜爱。此后，各式各样的在线视频平台如雨后春笋般涌现出来，不同的平台也开发了自己独有的收益方式。如今，比较有名的在线视频平台当属腾讯视频、爱奇艺视频、哔哩哔哩动画等，这些在线视频涵盖的内容范围很广，同时也是上传短视频的较好渠道。本节将以几个典型的在线视频平台为例，介绍它们的收益方式。

11.3.1　腾讯视频的收益

腾讯视频是中国领先的在线视频平台，为广大用户提供了较为丰富的内容和良好的使用体验，其内容包罗万象，比如热门影视、体育赛事、新闻时事、综艺娱乐等。图11-11所示为腾讯视频的首页。

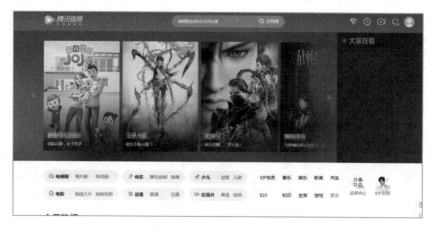

图 11-10　腾讯视频的首页

腾讯视频的主要收益来源是平台分成。需要注意的是，如果想要获取平台分成，需要满足如图 11-12 所示的几项条件。

图 11-11 获取平台分成需要满足的条件

11.3.2 爱奇艺视频的收益

爱奇艺视频是爱奇艺推出的一款主打在线视频的平台，它不仅包含了很多内容资讯，而且还支持多种客户端，如移动、电脑端以及苹果电脑。关于它的收益，主要是平台分成，而具体的分成方法则与其他视频平台有所不同。它是 Vlog 创作者在爱奇艺视频平台发布内容之后，再通过向爱奇艺官方邮箱提出申请的方式获取分成。

11.3.3 B 站视频的收益

B 站是年轻人喜欢聚集的潮流文化娱乐社区，同时也是网络热词的发源地之一。对于 B 站而言，其主要收益来自粉丝打赏，因为它本身的内容很垂直，吸引的粉丝大部分也是具有相似的兴趣爱好的。图 11-12 所示为哔哩哔哩视频的打赏页面，通常是采用投币的方式进行赞助打赏。

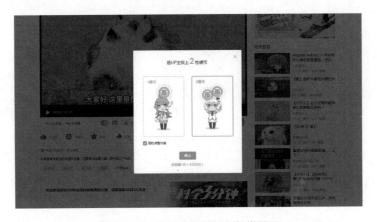

图 11-12 哔哩哔哩的视频打赏页面

第 12 章

IP 变现：
让 Vlog 流量变现更轻松

12.1　电商变现技巧 ▶

　　"电商+Vlog"属于垂直细分内容，同时也是Vlog变现的有效模式，不仅有很多短视频平台与电商达成合作，为电商引流（如美拍），还有从短视频平台拓展电商业务的"一条"，这些都是"Vlog+电商"的成果。

　　那么，这样的变现模式到底是怎么运作的呢？本节将专门从"Vlog+电商"的角度，详细介绍Vlog这一垂直细分的变现秘诀。

12.1.1　个体电商经营

　　电商与Vlog的结合有利于吸引庞大的流量，一方面Vlog适合碎片化的信息接收方式，另一方面Vlog展示商品更加直观动感，更有说服力。著名的自媒体平台"一条"是从Vlog发家的，后面它走上了"电商+Vlog"的变现道路，盈利颇丰。图12-1所示为"一条"的微信公众号，推送的内容包罗万象，不仅有短视频，还有关于自营商品的巧妙推荐。

图 12-1　"一条"的微信公众号

"一条"不仅把商品信息嵌入到短视频内容之中，而且还设置了"生活馆"和"一实体店"两大板块，专门宣传自己经营的商品和店铺。图12-2所示为"一条"的自营商品界面以及推广的店铺。

图 12-2 "一条"自营商品和推广店铺

  除了在微信公众平台推送自营商品的信息之外，"一条"还专门开发了一款以美学为主题的APP。图12-3所示为"一条"APP开屏广告界面和主页。

图 12-3 "一条"APP 开屏广告界面和主页

12.1.2 第三方店铺经营

Vlog的电商变现形式除了自营电商可以使用，第三方店铺也是适用的，比如典型的淘宝卖家，很多都是通过发布Vlog的形式来赢得用户的注意和信任，从而促进销量的上涨。

淘宝上的Vlog展示有几种不同的形式，分别利用其优势吸引眼球，成功变现。

第一种是在淘宝的微淘动态里用拍摄Vlog的方式展示商品，比如上新、做活动等。图12-4所示为"某官方旗舰店"发布的微淘动态，点开之后用户不仅可以直接观看商品的细节，还能查看价格、评论以及点赞和购买。

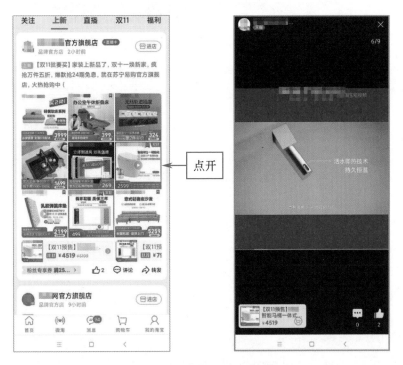

图 12-4 微淘动态里的短视频展示

第二种是淘宝主页的"猜你喜欢"板块会推荐Vlog。图12-5所示为"某羊毛护膝"的商品Vlog展示。

点击进入详情页，可以对商品进行更为直观的观察和了解。同时，页面还会根据用户的喜好推荐类似的商品或者Vlog，只要点击链接即可进行购买。

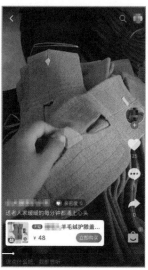

图 12-5 "猜你喜欢"的 Vlog 展示

12.2 广告变现技巧

广告变现是Vlog盈利的常用方法，也是比较高效的一种变现模式，而且Vlog中的广告形式可以分为很多种，比如冠名商广告、浮窗LOGO、广告植入、贴片广告以及品牌广告等。当然，并不是所有的Vlog都能通过广告变现。那么，究竟怎样的Vlog才能通过广告变现呢？一是要拥有上乘的内容质量，二是要有一定的基础人气。本节将从广告变现这一常见形式，来分析如何通过短视频进行广告变现。

12.2.1 冠名商广告模式

冠名商广告，顾名思义，就是在节目内容中提到名称的广告，这种打广告的方式比较直接，相对而言生硬。主要的表现形式有三种，如图12-6所示。

冠名商广告 ——表现——

- 片头标板：节目开始前出现"本节目由××冠名播出"
- 主持人口播：每次节目开始时说"欢迎大家来到××"
- 片尾字幕鸣谢：出现企业名称、LOGO、"特别鸣谢××"

图 12-6 冠名商广告的主要表现形式

在Vlog中，冠名商广告同样也比较活跃，一方面企业可以通过资深的自媒体人（网红）发布的Vlog打响品牌、树立形象，吸引更多忠实客户，另一方面短视频平台和自媒体人（网红）可以从广告商方面得到赞助，双方成功实现变现。图12-7所示为美拍短视频平台的某网红发布的关于"塔妮娜歆宝"的Vlog，画面中展示了塔妮娜歆宝的品牌标识。

图 12-7 某网红在短视频中的冠名商广告

12.2.2 浮窗LOGO广告模式

浮窗LOGO也是广告变现形式的一种，即视频在播放的过程中悬挂在画面角落里的标识，这种形式在电视节目中经常可以见到，但在短视频领域应用得比较少，可能是因为广告性质过于强烈，受到相关政策的限制。

以开设在爱奇艺视频平台的旅行短片栏目《大旅行家的故事》为例，由于其Vlog主人公查理是星途游轮代言人，因此节目的右下角设置了浮窗LOGO，文字和图标的双重结合，不影响整体视觉效果，如图12-8所示。

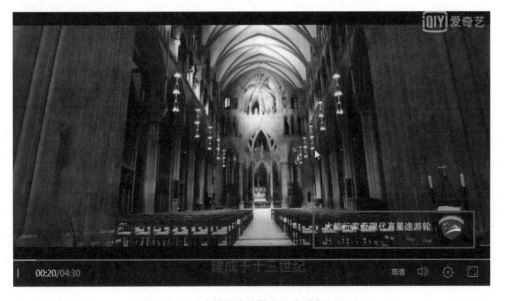

图 12-8 《大旅行家的故事》的浮窗LOGO

浮窗LOGO是广告变现的一种巧妙形式，同样兼具优缺点，如图12-9所示。

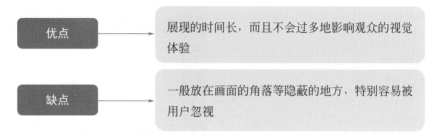

图 12-9　浮窗 LOGO 的优点和缺点

12.2.3　贴片广告模式

贴片广告是通过展示品牌本身来吸引大众注意的一种比较直观的广告变现方式，一般出现在片头或者片尾，紧贴着视频内容。图12-10所示为贴片广告的典型案例，品牌的LOGO一目了然。

图 12-10　贴片广告

贴片广告的优势有很多，这也是它比其他的广告形式更容易受到广告主青睐的原因，其具体包括如图12-11所示的几点。

明确到达：想要观看视频内容贴片广告是必经之路

传递高效：和电视广告相似度高，信息传递更为丰富

贴片广告　　优势

互动性强：由于形式生动立体，互动性也更加有力

成本较低：不需要投入过多的经费，播放率也较高

可抗干扰：广告与内容之间不会插播其他无关内容

图 12-11　贴片广告的优势

12.2.4　品牌广告模式

品牌广告的意思就是以品牌为中心，为品牌和企业量身定做的专属广告。这种广告形式从品牌自身出发，完全是为了表达企业的品牌文化、理念而服务，致力于打造更为自然、生动的广告内容。这样的广告变现更为高效，因此其制作费用相对而言也比较昂贵。

日漫大师"高濑裕介"围绕"雀巢咖啡"打造了一则广告，画面充满了日式风格，看起来十分享受。全程以粤语来讲述一段励志故事。画面里随处可见的雀巢咖啡标志非常吸引目光，广告的大概意思就是告诉大家真正醒神，就是比本分多做一分，雀巢咖啡会陪你一起，这段广告完美地展示了品牌，如图12-12所示。

图 12-12　"高濑裕介"围绕"雀巢咖啡"打造的品牌广告

此类型品牌广告的变现能力相当高效，与其他形式的广告方式相比针对性更强，受众的指向性也更加明确。

12.3 直播变现技巧 ▶

IP在近年来已经成为互联网领域比较流行和热门的词语，它的本意是Intellectual Property，即知识产权。而很多IP，实际上指的是具有较高人气的、适合几次开发利用的文学作品、影视作品以及游戏动漫等。值得注意的是，短视频也可以形成标签化的IP，所谓标签化，就是让人一看到这个IP，就联想到与之相关的显著特征，比如李子柒就是典型的标签化IP。罗振宇一手打造的《罗辑思维》也是标签化IP的领头羊，将IP的价值发挥得淋漓尽致。由此可见，不管是人，还是物，只要它具有人气和特点，就能孵化为大IP，从而达到变现的目的。那么，对于短视频而言，标签化的IP应该如何变现呢？这样变现又有什么特点和优势呢？

12.3.1 直播间送礼物

随着变现方式的不断拓展深化，很多短视频平台不单单向用户提供展示短视频的功能，而且还开启了直播功能，为已经拥有较高人气的IP提供变现的平台，粉丝可以在直播中通过送礼物的方式与主播互动。以著名的短视频平台快手为例，看看它是如何引导用户打赏、如何开启直播赞赏功能的。

▶ 步骤01 进入快手首页，如图12-13所示，点击页面下方的"同城"按钮，进入相应页面，如图12-14所示，可以看到很多动态的左上角有"直播中"的按钮，这是直播的入口。

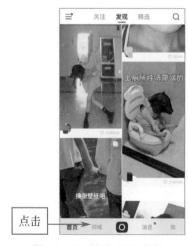

图 12-13 快手 APP 首页

图 12-14 快手 APP 的"同城"页面

▶ 步骤02　点击直播封面，如图12-15所示，点击页面右下方的 ⊞ 礼物图标，然后会出现如图12-16所示的礼物页面，❶点击具体的礼物，如"猫粮"按钮，❷再点击"发送"按钮。

图 12-15　直播的主页

图 12-16　发送礼物

▶ 步骤03　执行上述操作后，页面会弹出文本框，如图12-17所示，点击"充值"按钮，接着会出现充值页面，如图12-18所示，按照要求充值相应的金额即可。

图 12-17　余额不足

图 12-18　金额充值

12.3.2　机构化运营

MCN 是 Multi-Channel Network 的缩写，MCN 模式来自国外成熟的网红运作，是一种多频道网络的产品形态，基于资本的大力支持，生产专业化的内容，以保障变现的稳定性。随着短视频的不断发展，用户对短视频内容的审美标准也有所提升，因此这也要求短视频团队不断增强创作的专业性。

由此，MCN 模式在短视频领域逐渐成为一种标签化IP，单纯的个人创作很难形成有力的竞争优势，因此加入MCN机构是提升短视频内容质量的不二选择。一是可以提供丰富的资源，二是能够帮助创作者完成一系列的相关工作。有了MCN机构的存在，创作者就可以更加专注于内容的精打细磨，而不必分心于内容的运营、变现。例如，新片场一开始是以构建视频创作者的社区为主，它聚集了40多万的加V创作者，比如"西木西木"短视频创作团队，它就是由MCN机构模式孵化而来的。图12-19所示为"西木西木"短视频团队创作的精彩内容画面。

图 12-19　西木西木的美拍短视频

MCN机构的发展也是十分迅猛的，因为短视频行业正处于发展阶段，因此MCN机构的生长和改变也是不可避免。部分头部MCN机构如图12-20所示。

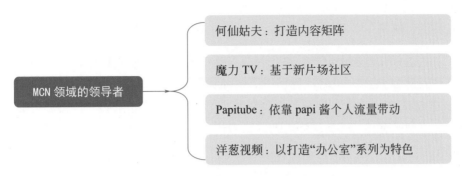

图 12-20　MCN 领域的领导者

目前，Vlog 创作者与 MCN 机构都是以签约模式展开合作的，MCN 机构的发展不是很平衡，部分阻碍了网络红人的发展，它在未来的发展趋势主要分为两种，具体如图 12-21 所示。

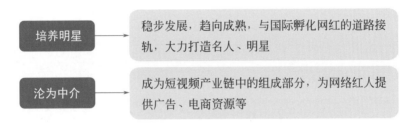

图 12-21　MCN 机构的发展趋势

MCN 模式的机构化运营对于短视频的变现来说是十分有利的，但同时也要注意 MCN 机构的发展趋势，如果不紧跟潮流，很有可能无法掌握其有利因素，从而难以实现变现。

12.4　知识付费技巧 ▶

知识付费与短视频是近年来内容创业者比较关注的话题，同时也是 Vlog 变现的一种新思路。怎么让知识付费更加令人信服？如何让拥有较高水平的短视频成功变现、持续吸粉？两者结合可能是一种新的突破，既可以让知识的价值得到体现，又可以使得短视频成功变现。

从内容上来看，付费的变现形式又可以分为两种不同的类型，一种是细分专业咨询费用，比如摄影、运营的技巧和方法，另一种是在线课程教授收费。本节将专门介绍这两种不同内容形式的变现模式。

12.4.1 细分专业咨询

知识付费在近几年越发火热，因为它符合了移动化生产和消费的大趋势，尤其是在自媒体领域，知识付费呈现出一片欣欣向荣的景象。付费平台也是层出不穷，比如在行/分答、知乎、得到以及喜马拉雅FM等。那么，值得思考的是，知识付费到底有哪些优势呢？为何这么多用户热衷于用金钱购买知识呢？笔者将其总结为以下几点，如图12-22所示。

图 12-22　知识付费的优势

12.4.2 在线课程教授

知识付费的变现形式还包括教学课程的收费，一是因为线上授课已经有了成功的经验，二是因为教学课程的内容更加专业，具有精准的指向和较强的知识属性。很多平台已经形成了较为成熟的视频付费模式，比如沪江网校、网易云课堂、腾讯课堂等。图12-23所示为沪江网校的官网首页。

图 12-23　沪江网校的官网首页

再比如以直播、视频课程为主要业务的千聊平台，其大部分内容都是付费的，如图12-24所示，但是为了吸引用户观看，平台还有免费的课程，手动搜索免费即可。

图 12-24　千聊的付费课程页面

12.5　大咖变现技巧

除了经典的电商变现、广告变现、直播变现以及知识付费等短视频变现模式，还有很多其他的大咖式变现，这些变现模式有的是从短视频的经典变现模式中衍生出来的，有的则是根据短视频的属性发展起来的。具体而言，我们可以从两个方面来分析，比如版权收入、企业融资等，这些变现模式也是比较常见的，对于Vlog盈利帮助很大。

12.5.1　IP变现模式

当Vlog运营者的账号积累了大量粉丝，成了一个知名度比较高的IP之后，可能就会被邀请做广告代言。此时，Vlog运营者便可以赚取广告费的方式，进行IP变现。这方面抖音发展比较快，Vlog运营者可以借鉴抖音运营者的经验，利用广告代言变现。抖音中通过广告代言变现的IP还是比较多的，它们共同的特点就是粉丝数量多、知名度高。

12.5.2 企业融资模式

短视频在近几年经历了较为迅速的发展，同时各种自媒体的火热也引发了不少投资者的注意，相信不少人都知道李子柒，她不仅是一个非常有才华的古风美食博主，而且还创造了"李子柒品牌"。

让人熟知的就是她所有作品都是自己在乡下纯手工制作的，整个过程都在间接地宣传中国的传统手艺。连央视都点名夸奖她，"没有一个字夸中国好，但她讲好了中国文化，讲好了中国故事"。她全网粉丝超过了3000万，光一个关于"李子柒是不是文化输出"的话题浏览量就达到了8亿。图12-25所示为李子柒的微博主页，粉丝积累已经2000多万，可见人气之高，影响力自然也不在话下。

图 12-25　李子柒的微博主页

其实，李子柒最初也只是一个普通的打工者，那时候她微博的粉丝不足1万。后来被杭州微念科技的创始人刘同明发现了，他是李子柒的伯乐，给她提供帮助，也就是融资，之后双方就开始正式合作。

2017年，李子柒成立了四川子柒文化传播公司，微念科技持有51%的股份，才过了一年李子柒的微博粉丝就突破了1000万。粉丝突破2000万之后，李子柒立即发布她的旗舰店正式营业，后面就吸引了越来越多的企业前来投资，现在"李子柒品牌"做得风生水起，这离不开她自己的努力和微念科技公司的支持。

融资变现模式对创作者的要求很高，因此可以适用的对象也比较少，而且李子柒也是目前短视频行业的个例。但无论如何，融资可以称得上是一种收益大、速度快的变现方式，只是发生的概率比较小。